别不安 疗愈啦

如何疗愈自我
重获幸福

吴翔 ◎ 著

世界图书出版公司
北京 · 广州 · 上海 · 西安

图书在版编目（CIP）数据

别不安啦：如何疗愈自我重获幸福 / 吴翔著. — 北京：世界图书出版有限公司北京分公司，2022.8（2023.9重印）
ISBN 978-7-5192-8697-2

Ⅰ.①别… Ⅱ.①吴… Ⅲ.①情绪–自我控制–通俗读物 Ⅳ.①B842.6-49

中国版本图书馆CIP数据核字（2022）第053270号

书　　名　别不安啦：如何疗愈自我重获幸福
　　　　　BIE BUAN LA：RUHE LIAOYU ZIWO CHONGHUO XINGFU
著　　者　吴　翔
责任编辑　张建民　刘　虹
特约编辑　张亚南
封面设计　守　约

出版发行　世界图书出版有限公司北京分公司
地　　址　北京市东城区朝内大街137号
邮　　编　100010
电　　话　010-64038355（发行）64037380（客服）64033507（总编室）
网　　址　http://www.wpcbj.com.cn
邮　　箱　wpcbjst@vip.163.com
销　　售　各地新华书店
印　　刷　唐山富达印务有限公司
开　　本　880 mm×1230 mm　1/32
印　　张　8.75
字　　数　194千字
版　　次　2022年8月第1版
印　　次　2023年9月第2次印刷
国际书号　ISBN 978-7-5192-8697-2
定　　价　49.00元

目录

自序

在不安的世界里，安心地活着

动笔写这本书的时候，我的父亲已去世一个月，母亲则在更早的半年前去世了。

失去父母，我的内心是不安的。我时常会梦见他们，而梦境作为现实的补偿，稍微缓解了我内心的不安。在失去父母之后，我才真正感受到，什么是“孤儿”，虽然已经四十好几，但在失去父母的关怀后，我内心总觉得莫名悲凉，心中的空缺迟迟难以得到填补。眼睁睁看着父母离去所带来的悲伤和对死亡的恐惧影响着我的思绪和行为，我该做什么呢？我觉得该写一些东西。

一、为什么我会写这本书?

我做了十几年的咨询师，多多少少也算是帮助了一些人。但我总觉得不够，毕竟能够主动进行心理咨询的人还是太少了，更多的人其实处于一种“心理亚健康”状态。处于这种状态的人虽不至于必须去做心理咨询，却也难以自我排解和疗愈。基于这种现状，我萌生了写一本心理学知识普及读物的想法。

在开展咨询工作之余，我开始在公众号和“壹心理”网站上写文章。2020 年夏的某一天，我收到一封私信，那是一家出版公司的出书邀请。

经过沟通，我和编辑互相认可，于是很快达成了出版意向。我们都想尽可能地为读者提供一本既有用又好读的书。在这本书里，读者能够接触到专业的心理学知识，并利用其来处理自己的心理问题。同时，这本书又通俗易懂、轻松易读，能够被不同年龄、不同职业的大多数读者所接受、所喜欢。

这是我第一次写书。虽然与编辑进行了大量的沟通，也反复做了多次修改，但我内心还是很忐忑。就像这本书的主题一样，我是有点“不安”的。

虽然我可能在写作手法和写作风格上没有那么成熟，但是，我可以保证的是，我的写作态度一定是认真的，我笔下的知识一定是专业的。我相信这本书是能给读者带去帮助的，这也是我跟编辑共同的希望。

二、不安世界的安全诉求

这本书的主题是“别不安啦”，不安是当下社会非常显著的现象。

在处理情感关系时，我们会不安——担心失去对方的爱，或者不爱对方了。在处理家庭关系时，父母和子女也会不安——父母给予孩子关怀和关心，可是孩子需要吗？孩子需要父母的支持，可是父母能提供吗？在处理职场关系时，我们也会不安——为什么还不能升职？自己走的职业道路正确吗？甚至在面对陌生人时，我们也会因某些事情而变得不安。不安似乎成了这个世界的主流，我们不是在担心失去一份感情，就是在担心处理不好亲情关系，或者同事关系、上下级关系。于是，我们在这个不安的世界里患得患失，战战兢兢。

然而，我们所说的不安只是表象，其背后有很复杂的心理学原因。其中，从字面上看最接近的就是“不安全依恋”。受到原生家庭的影响，不安全依恋虽形成于婴幼儿时期，但会影响人的一生。人在成年后的不安全感，大多是由不安全依恋造成的。这在两性情感关系中表现得尤为明显，因为人在亲密关系中会充分暴露自己是否缺乏安全感。不安全依恋只是诱发不安的一个因素，除此之外，还有很多因素，比如沟通模式、权力分配、自我实现等。

写这本书的目的，就是根据我多年以来的咨询经验，挖掘不安背后的深层心理原因，以此给出科学的建议，让更多的人可以不必经过心理咨询就能获得心安。毕竟，浅层次的不安是极为普遍的，不可能每个人都去做心理咨询，也没有这个必要。

所以，这本书主要起科普的作用，其目的在于让更多的人了解不安，进而了解真正的心理学和专业的心理学知识，并用这些知识去解决自己日常生活中遇到的一些简单的心理问题。

三、这本书的特点

这本书分为四部分，分别从情感、职场、家庭、自我四个角度讲述和分析不安的表现及原因。

在内容上，有的文章整篇都在讲道理、做分析，有的文章则是从故事入手，就故事主人公的心理问题做深入、细致的分析。

这些故事本身都是我咨询生涯中的真实案例，但是，一方面为了保护咨询者的隐私，另一方面为了方便读者阅读，我对其进行了故事化的处理。在故事中，以第一人称叙述的时候，我是“我”，以第三人称叙述的时候，我是“吴老师”。不知道读者对此会不会产生不适。因为这是我第一次写书，很多方面还不够成熟，所以希望读者见谅，也希望读者多提宝贵意见。以后我再出书的时候，争取让新的作品比现在的更成熟、更优秀。

这本书采用先讲故事，然后讲理论的方式写就。我希望读者在阅读这本书的时候，先接触到故事，这样就不需要消耗太多认知资源，从而能够轻松阅读。读者在看完故事后，如果还想继续了解故事背后的心理学原理，可以继续阅读下去。

这本书中有一些心理学原理是大家比较熟悉的，比如弗洛伊德的精神分析理论。提起心理学，人们都能够想起弗洛伊德。但心理学博大精深，研究领域涉及人类社会的方方面面，还有许多其他心理学理论。一些中国心理学家提出的心理学理论具有面向华人社会的普适性，比如当代心理学家程乐华提出的脸盲非脸盲理论，我在本书的“对婚外恋的宽恕：决定宽恕与情感宽恕”一节中曾提及。其提出的情境观理论及案例，将出现在我构思的另外一本书中。

除了上述几个方面，收入本书的文章在篇幅上也有较大的区别。部分文章在公众号上发表时，是分好几篇连载的，而在本书中则被合并成一篇，并用分级标题进行了处理。这导致有的文章篇幅过长，但正因如此，文章的主题更为鲜明，对该主题的解读更为集中，也更为合理。这也算是因为写作上的局限性而进行的权衡和取舍吧。在这个方面，我还有很大的进步空间。

最后一点，本书初稿中每篇文章都标注了文献出处，结尾都附加了文献索引。虽然这可以增加本书的专业性，但是，却也让很多文章看起来更像专业的心理学论文。对于大多数读者来说，这会带来很差的阅读体验。我参考了其他面向大众的心理类图书，并根据编辑的意见，对该部分内容进行了删除处理。

四、愿你能心安

我要感谢妻子吴琳。在写书之前，我没有信心。妻子鼓励我说：“尝试着写，就当是一次自我的突破。以前你讲课、做咨询的效果都挺好，但是能够听你讲课和找你做咨询的人毕竟有限。如果能够写书，让更多人学习科学的心理学知识，也是一件好事。”

我要感谢中山大学心理系程乐华老师多年来的教诲，老师不吝赐教，不仅把其研究的心理学成果第一时间分享给我，还指导我实现个人的整合和成长。

我还要感谢简策博文的编辑团队，他们细致、专业地审读书稿，提出了许多修改意见。

最后我再简单介绍一下自己。

我是中山大学心理学硕士、心理艺术化创新实验室核心成员、国家二级培训师、人力资源管理师、心理咨询师（二级）、网易特邀讲师及心理测评专家、壹心理特邀讲师、TEDx 演讲嘉宾、共青团广州市委青年就业导师。我从事心理学研究 13 年，累计个案咨询小时数超过 12000 个小时，其中面询 8000 个小时以上，电话及微信语音咨询超过 4000 个小时，目前在知识分享平台“在行”App 的咨询个案数量和好评数量都排名前列。

我长期从事对心理咨询师的培训工作，培训对象包括心理咨询机构学员、各大专业院校辅导员、初高中学校的心理咨询师等，累计培训课时超过 2000 个小时。此外，我长期受邀到企事业单位传播心理学知识，服务机构包括（不限于）广东省妇联、广州市公安局、广州交警支队、南方航空、中国石化、珠海一中、深圳福田教育局、中山大学、广州中医药大学、广东药科大学、共青团广州市委等。

我有丰富的互联网直播经验，从 2015 年以来，在网易、壹心理、尚德教育、馒头学院、Better 更好学苑、广州汽车音乐电台等机构开讲。

科研方面，我获得国家发明专利 2 项和实用新型专利 1 项，其中，心理套娃发明专利是中国首个自主研发的心理投射测量工具。我致力于研究职业倦怠的前因变量和影响结果，是全球较早研究“付出回报、职业倦怠、身心健康”三者关系的学者。我发表论文 3 篇，参与编辑图书 2 本，独立开发心理测评系统并提供给广州市公安局交警支队、深圳龙岗区人民医院、广东省城市建设技师学院等企事业单位使用。教学建设方面，我为广州交警支队新警培养建立完整的交警胜任力模型，编撰教学大纲、教材、培养方案和计划等。

心理学既是理论科学，又是实践科学。判断一个心理咨询师是否专业，其本人的资格证明是基本条件，而咨询时长和案例数是很重要的指标，至于科研成果，更是证明其专业性的加分项。

我们终其一生都活在一个被迫攀比的社会，并被社会形塑。资本总是在贩卖焦虑，即使你自己不动如山，也逃不开身边的人，尤其是父母对你的影响。

不安是一种如影随形的“麻烦”。很多时候它不是一种病，不会让你病入膏肓，但它又使你骨鲠在喉、如芒在背。不安既是很多心理疾病的表现，也是很多心理疾病的成因。我们开始重视不安，学习去应对、去“治疗”它，便是走出自我疗愈以及自我成长的第一步。

希望我的努力可以让更多的人在不安的世界安心地活着。

第一部分

爱，需要学习

爱情死于小事：学会建设性沟通

一、为什么相爱的两个人，总是为小事而争吵

生命诚可贵，爱情价更高！

爱情和生命，都非常重要且有价值。在我面前的一对男女，正在为爱情讨价还价，两个人都试图告诉对方——自己付出得更多！

“要不是我每天在家里做饭、洗衣服、搞卫生，你哪里能过得那么舒服？就你赚钱多是吧？”梁艳拍着桌子，大声指责。

“做家务不是女人的本分吗？我每天回到家，被你吆喝来吆喝去的，凭什么啊！”李强也不示弱。

“有本事你在家做家务！我去外面打拼赚钱，也不见得赚得比你少。你愿意吗？咱们要不要换一下？！”梁艳轻蔑地看着李强。

“就凭你？！等着喝西北风吧！”

“怎么了？我怎么了？学历比你差吗？能力比你差吗？以前我的工资比你的还高！要不是你骗我，说什么‘老婆你好好

在家，我在外面打拼就行了’，我怎么会辞职做家庭主妇哦！真是瞎了眼了。”

我实在看不下去了。

“我说两位，这样吵也不是个办法，互相抱怨也解决不了问题，对吧？要不这样，让一个人先说，另一个人呢，别说话，安静听着。等一个人说完了，再轮到下一个，好吧，同意吗？”

“同意！”两个人异口同声地回答。

“好，女士先来！”

“好的，谢谢吴老师！”梁艳不失礼貌地说了一句。

我心想，从这一点来说，这位女士并非不讲道理的人，应该受过良好的教育。

“嗯！”梁艳清了一下嗓子，好像要做长篇发言。

“其实都是一些小事情，这个人呢，在外面死要面子，在家里也是，一句都说不得。”

“我怎么了？”李强很愤怒地插话。

“李先生，咱先听，好吗？”我对着李强摇了摇手。

“老师你看，他就是这样！”

梁艳挺起了腰，感觉自己非常占理。

“请你继续说。”我接过梁艳的话，引导她继续表达，而不是激化双方的矛盾。

“好的！远的不说，就说昨天吧。去参加朋友的婚礼，他穿西装，配了一双短袜子，就是那种穿上能看到脚踝的袜子，不好看的嘛。我建议他换一双，他不听。

“我说：‘不好看，还是换一双长一点的袜子吧。’

“他倒好，说：‘怎么了，嫌我土气是吧?！穿短袜子凉快，我就爱这么穿。’

“我一听就来气了，好心提醒，这个土包子不但不领情，还要吵架啊？”

李强听着自己被数落，感觉像被脱了衣服，很丢脸。

“还有呢？”我问梁艳。

“说起来太多了，叫他鞋子不要乱扔，不听！叫他自己的东西不要乱放，不听！叫他把自己看的书收好，还是不听！多说两句，就开始厌烦，给我脸色看。我觉得这个日子过不下去了。”

看到梁艳稍微宣泄了一下情绪，我觉得有必要让她歇会儿，让李强来说一说。

“李先生，你有什么要说的吗？”

“都是一些小事情嘛！我就不喜欢被人管着。回家不就是要舒服吗？没有把东西放回原来的位置，又怎么样啊！”

“请你尊重一下我好吧，尊重一下我的劳动成果。我辛辛苦苦摆整齐了，你又搞得乱七八糟的。”梁艳忍不住回话。

“我不尊重你吗？什么事情都听你的，你还想怎么样呢？”李强很愤怒。

“你有听吗？一点点小事都做不到，还好意思说听我的，不知道你听了什么！是不是在外面听哪个小姐姐的啊？”梁艳讥笑着说。

我心想：这对夫妻有恩怨，也不是一天两天了吧？如果他们愿意改变，那感情还有得救；如果不愿意改变，感情就要破裂了。

那么，这对夫妻为什么会为小事情争吵呢？

二、建设性沟通模式，让你在爱情中不再不安

原因在于夫妻双方的沟通模式出了问题。提起沟通问题，很多人会想起一些特质，比如学历、性格、原生家庭教养方式、性格内外向、依恋关系、冲突应对方式、感性理性等，而很少会想起夫妻沟通模式。事实上，夫妻沟通模式一直在家庭幸福中扮演着重要的角色。很多研究显示：沟通模式出现问题是导致夫妻进行婚姻治疗的主要原因之一。沟通模式和婚姻质量有关：夫妻沟通模式和婚姻的满意度、婚姻的稳定性高度相关。消极沟通模式会导致婚姻不幸、家庭不幸福，并与离婚率高度正相关，甚至能够预测夫妻离婚；积极沟通模式则与夫妻关系满意度高度正相关。

（一）什么是夫妻沟通模式？

这个模式中有两个角色：

- 要求者（demander）。这一方希望和对方讨论两个人的关系问题，寻求改变，以解决问题。
- 沉默的退缩者（withdrawer）。这一方总是回避问题、拒绝讨论，并且不愿意做出改变，只是保持沉默或选择离开。

夫妻之间会形成“要求－退缩”的沟通模式（Demand-Withdraw Pattern）。

虽然回避方暂时拒绝交流貌似可以掩盖问题，形成夫妻之间的表面和谐，但是夫妻之间的问题还存在，甚至会变得更加严重，最终导致夫妻关系的破裂、毁坏。回避方拒绝交流通常出现在两人产生矛盾或冲突的时刻（Christensen，1988）。

曾红在2010年采用沟通模式问卷、婚姻调适问卷等对425位城乡居民的婚姻沟通模式进行了调查。结果显示：总体来说，妻子和丈夫沟通模式有差异，采用“妻子要求/丈夫退缩”的沟通模式的夫妻比采用“丈夫要求/妻子退缩”的多；但在农村地区，则有更多的夫妻选择“丈夫要求/妻子退缩”的沟通模式。研究者认为，农村家庭之所以更多地选择“丈夫要求/妻子退缩”的沟通模式，与中国传统文化的影响和家庭结构有关。因为在我国很多农村地区，中国传统文化仍然在生活中扮演着重要角色：丈夫是一家之主、男尊女卑等观念仍深深影响着人们。丈夫作为一家之主，总是对妻子提出要求，而妻子为了维持家庭的稳定平衡，选择以退缩的方式来应付丈夫的不断要求。

曾红从研究中得出一个非常有趣的结论：“丈夫要求/妻子退缩”虽然是一种消极的沟通模式，但当它被应用于与之较为一致的文化氛围和价值观中，被人们视为合理时，它对婚姻满意度的影响也会相对降低。

夫妻沟通模式对婚姻满意度的逐步回归分析

变量	B	β	t
建设性沟通	1.76	0.18	4.23***
互相责备	−2.53	0.52	4.84
WDHW	−0.57	−0.14	−2.99
R^2	0.32		
$\triangle R^2$	0.33		

注：WDHW= 妻子要求/丈夫退缩

*P<0.05, **P<0.01, ***P<0.001

（二）什么是良好的沟通模式?

曾红在 2014 年对夫妻沟通模式做了跨文化研究比较，发现婚姻满意度低的夫妻会比满意度高的夫妻更多地使用“要求 – 退缩”等消极沟通模式。满意度高的夫妻会更多使用讨论等建设性沟通模式。曾红更早期的研究显示，建设性沟通是夫妻沟通模式中主要的方式。而且，夫妻在对沟通模式的认同上具有较高的一致性，无论是选择建设性沟通模式的夫妻还是选择要求 – 退缩模式的夫妻。原因可能是夫妻在长期生活中互相影响，互相学习了沟通模式。建议夫妻在沟通中别抱怨对方，先从转变自己的沟通模式开始。

所谓建设性沟通，是指在不损害，甚至在改善和巩固人际关系的前提下，帮助管理者进行的确切、诚实的管理沟通方式。简要地说，建设性沟通就是在解决目标问题的前提下强化积极的人际关系的一种实用管理工具。

建设性沟通有三个重要特征。

一是沟通目标是为了解决实际问题，而不仅仅在于讨他人喜爱，或被社会承认。

二是实现了信息的准确传递。沟通主体要围绕沟通的目标，在沟通过程中准确、高效地传递信息，避免信息与主题的偏离，也避免给受众传递错误的信息。

三是沟通有利于改善或巩固双方的人际关系，在更好地解决问题的前提下，保持了良好关系的持续性。

建设性沟通的关键在于：说的人要说明白，听的人要用心听。

所以，建设性沟通要明确两个问题：我要怎么说，对方才肯听？我要怎么听，对方才肯说？

对于说的人，要做到这样几点：

创造一个让双方有安全感的沟通环境（或氛围）；清楚地判断双方的情绪状态；明确地表达自己的诉求，不要让对方猜。

对于听的人，也要做到这样几点：

呈现真诚的倾听姿态；积极反馈对方的观点或问题；换位思考，表示共情；一起推动事情的解决。

建设性沟通不仅适用于夫妻关系，其实也适用于所有人际关系，不管是职场的同事之间，还是朋友关系和同学关系，在出现问题时，都可以采用建设性沟通模式。

为什么会产生冲突：
夫妻之间的权力斗争

一、谁说了算，这是个问题

喂狗粮还是喂剩饭，这是一个问题。

小美和小勇已经冷战超过一周了。

自两人结婚半年来，第一次冷战超过了 7 天。以前小两口也会冷战，但一般都是今天冷战，明天就和好。

小美在处理夫妻之间的纠纷时，非常认同“床头吵架床尾和”的说法。可是这次，小美不想妥协了。

因为，这次的妥协意味着未来在孩子的教养权上的让步，意味着自己家庭地位的丧失，也意味着女权主义的溃败 —— 至少是在家里的溃败。

到底发生了什么事情呢？

这还得从两周前的一个周末说起。

小美和小勇周末开车去广州海珠国家湿地公园郊游，傍晚在公园对面的饭馆吃完饭后，小勇去开车。小勇开车有一个好习惯：凡是再次启动车子前，他都会绕车一周，看看有没有小动物、小朋友、小障碍物等。走到车尾的时候，小勇看到一只脏兮兮的泰迪狗趴在地上。当时广州已经入冬了，傍晚温度降到了15摄氏度。泰迪狗瑟瑟发抖，可能是因为好几天没吃东西了，它看上去又冷又饿，很可怜。小勇赶紧叫小美过来。

“小美，这里有一只狗，可能是流浪狗。”

“在哪里？我看看。”小美好奇地问，手上拿着刚刚打包的剩菜。

“在车尾这里，你快过来。”

“哟，蛮可怜的啊，好像还在发抖！”小美说，“我给它吃点东西吧？”

“你刚刚打包了一些鸡肉，可以给它吃。”

“嗯。”小美解开塑料袋，打开一次性打包盒，拿出一块白切鸡，扔在泰迪狗面前。

“啾！啾！啾！”小美嘟着嘴巴发出“啾啾”声，好像人在喂狗、喂猫时都会发出这样的声音。

“它吃了哦！”小美开心地说。

“狗不就是吃剩饭的吗？这有什么好惊讶的？”小勇一脸鄙视。在小勇的老家，每一家都养狗，大多数农户都会养中华田园犬，主要用来看门。有些农户用铁链把狗拴在大门里面，一有人敲门，狗就会大叫，起着威慑作用。

“好可怜哦，我们把它带回家吧？”小美说。在她看来，如果自己不把这只小狗带回家，也许它就会活不过今晚。

“带回家干什么？你有时间养吗？”小勇反对。

“当然有了，只要教它在固定地点拉屎拉尿就好了。”小美自信满满，相信自己能够照顾好小狗。

“那也要看它愿不愿意跟你走。”小勇不想直接拒绝小美。

“我用鸡肉‘勾引’它。”小美露出“奸诈”的表情。

“狗狗来，我有好吃的，来啊！”小美又从打包盒里拿出一块鸡肉，“它真的愿意跟我走哦！”

也许是因为小狗饿了好几天，闻到肉香抵抗不住诱惑；也许是因为它真的和小美有缘分；也许是因为它决定放弃流浪生活——流浪的自由，不如饱食终日的不自由。不管出于什么原因，总之，小狗挪动着屁股，盯着小美手上的鸡肉，怯生生地舔了几下，然后狼吞虎咽地吃了下去。

“你吃慢一点，这里还有。别卡住了！”小美大叫着。

“你吓到它了！”小勇看到狗狗往后退了一步。

“没事，我再拿鸡块诱惑它。”

小美继续拿鸡块喂狗。几块鸡肉下肚，泰迪狗和小美建立起了感情。小美尝试着用手摸了摸它脏兮兮的毛发，它也没有反抗。也许是太久没有得到安抚，泰迪狗非常享受小美轻轻的抚摸，眼神里充满了对小美的信任，兴奋地吐着舌头，摇摆着小尾巴。

“它很开心嘛！怎么才能把它弄上车呢？”小美自言自语，当然也是说给小勇听。

“让我来！”小勇表现出男人的勇敢，弯下腰试探性地摸了摸狗头，看到小狗没有反抗，便轻轻地用两只手从狗的背部和前腿交叉的位置卡下去，抱起小狗。

“打开车门，把它放在后备厢。”小勇说。

小美摁下车的尾部按键打开车门。

“好的，铺一些东西在后备厢吧，别让这只脏兮兮的小狗搞脏了我们的车。”小美虽然嫌弃小狗脏，但心里面已经乐开了花。

“它还舔嘴巴啊！这个馋猫！还想吃鸡肉吗？”小美看到泰迪狗在后备厢站着看她。

“哪里是想吃东西，是它紧张了。狗在紧张的时候会舔嘴巴的，你懂不懂养狗啊！”小勇又用鄙视的语气说。

“懂，就你最懂好了吧！懂王！”小美撒娇地说。

“关门了，小心手。”小勇按了一下车尾自动关门键，后备厢慢慢关上。

一路开车回家，小狗在后备厢焦躁不安地跑来跑去，还哼哼唧唧地发出哀求的声音。

回家后，小美先给小狗洗澡，用吹风筒给它吹干后，又拿来一些旧衣服做狗窝。第二天是周日，小美和小勇带小狗去体检。这是一只一岁左右的小公狗，身体没什么毛病，只是有一点点营养不良。做检查，打防疫针，也折腾了半天。小美抱着小狗，就像抱着一个小娃娃，心里乐呵呵的。她抱着小狗在宠物店里面到处看。

“靓女，还没有买狗粮吧？要不要买一些狗粮带回去？”店员看着小美说。

“不用买，吃剩饭就行了。”小勇拒绝了店员的建议。

“吃狗粮营养全面一点哦，先生。”

“不用，我们家的狗都是吃剩饭的。”在小勇的生活经验里，狗就是狗，不是家庭成员，不需要对狗太好。

“老公，还是买一点给刚刚吧！”小美试探性地问小勇。

“什么刚刚？”

“它啊！”小美用手指着小狗说，“我决定给它取名叫‘刚刚’，多好听的名字啊！”

“取什么名字我不管，但狗粮不需要买，吃剩饭就行了。”

小勇很坚决。

“行，以后有需要再来。”店员看到小勇没有买狗粮的动机，也就不再推销了。

“好吧！”小美也感受到了小勇的强势，不想在店里面和他争吵。

“等过几天，我上网买狗粮，你也拦不住啊。”小美心里偷偷地乐着。

他们顺便买了狗绳、狗碗，然后就回家了。

家里面原本只有两个人，“刚刚”的到来打破了二人世界的格局。比如，饭后小勇喜欢自己一个人待着，看看手机，玩玩游戏，可是小美会强迫小勇一起去遛狗。小勇只能迫不得已地和小美出去。小美有时候身体不舒服，会哀求小勇帮忙带“刚刚”出去，这时候小勇更加觉得“刚刚”是一个负担。但看在小美喜欢狗狗的分儿上，他一直忍着。

终于有一天，小勇爆发了。

就在 7 天前，小勇长期跟的一个客户被竞争对手抢走了。这样一来，小勇今年的业绩可能会下滑 30%。小勇非常担忧，如果公司裁员，自己说不定会是首批被裁掉的那一个。

下班回家后开门进屋，“刚刚”摇着尾巴屁颠儿屁颠儿地跑过来。

“走走走！”小勇没好气地用公文包推开“刚刚”。

“哟，大爷今天不高兴啊！”小美坐在沙发上，看着小勇开玩笑地说。

小勇没有搭话，脱下皮鞋和外套，把公文包扔在鞋柜上，闷闷不乐地坐到沙发上。

“怎么了？”小美觉得气氛不太对。

“没事，客户跑了！”

“哦！这我帮不到你。”

“‘刚刚’来，我们吃饭了！”小美招呼狗狗去吃饭。

小美打开新买的狗粮袋子，舀了一大勺狗粮放到“刚刚”的碗里。

“我不是叫你不要买狗粮吗？你为什么买？”小勇对着小美说。

“狗狗吃狗粮好一些，医生都这么说。”

“什么啊，吃一点剩饭就行了，为什么还要花钱买那么贵的狗粮？”

“又不是好贵，十几块钱一斤，怎么贵了？一斤可以吃一个星期了。吃剩饭不是一样要花钱吗？”

“叫你不要养、不要养，你就是不听。”

“喂！小勇，我当时要领它回家，你没有反对吧？”小美站起来，手上拿着勺子，歪着脑袋对着小勇。两个人眼看就要开始吵架。

“刚刚”觉察到两人说话的分贝很高，语气里面充满了愤怒，赶紧夹着尾巴溜到沙发下面，瑟瑟发抖。

问题来了，到底要不要给“刚刚”买狗粮呢？

这个问题涉及婚姻权力。

二、懂得婚姻权力，才能处理好婚姻关系

不少研究者都认为，婚姻权力就是“在重要的家庭决策上，以本身的意志或偏好去影响配偶的能力”。婚姻权力不是一个单一维度的概念，罗斯柴尔德（Rothschild，1970）则强调从动

态过程来考察家庭婚姻中的权力，即夫妻各自所占有的资源（权力基础），双方在商议事情、解决问题和处理冲突方面的互动过程（权力实施过程）和最终由谁做决定或谁取胜（权力决策结果）。他们的婚姻权力结构分为三部分：权力基础、权力实施过程和权力决策结果。要分析婚姻当中夫妻的权力，需要对权力实施过程进行分析，考察由“基础－过程－结果”组成的动态过程。只有全面考察权力运作的过程，才能对最终的决定做出更好的解释。

婚姻权力的资源理论

资源理论认为，夫妻中拥有较多社会经济资源者在家庭决策中有更大的力量优势，其中，相对资源论，即夫妻的资源差距大小具有更强的解释力。既然资源是权力的基础，而权力与资源联结在一起，那么，从社会学角度看，一个人、一个群体的资源或国家的财富愈多，拥有的权力就愈大。由此推论，夫妻双方谁拥有的资源更多，谁在家庭中的权力就更大。这种资源理论是否也适用于婚姻权力问题呢？社会学家吉莱斯皮（Gillespie）认为，妻子要想得到权力，就应该去社会上工作，并且其受教育程度不应低于丈夫。社会学家罗斯柴尔德认为，资源理论带有很大的局限性：妻子虽然收入比丈夫低，但是一样可以随意地支配家庭资源。她认为妻子可以通过营造家庭中愉快或者低落的情绪来控制家庭气氛。

婚姻权力的资源理论有缺陷，因此有人提出“相对的爱和需要理论”。该理论认为，在婚姻中所得较多的一方往往较依赖配偶，并在日常生活中更顺从对方；较少依赖配偶或对夫妻关系相对缺乏兴趣的一方，更可能利用本身的资源来影响家庭决策。与此相一致的是，社会学家沃勒（Waller）提出的“兴趣最小原则”认为，当某一方对另一方丧失兴趣时，其权力会增加。社会学家希尔（Heer）认为，如果夫妇关系中权力较小的那个人发现自己可能得到另一种有价值的资源，那么处于优势地位的那个人的权力就会减少。比如，丈夫总需要妻子煮饭、洗衣服、照顾孩子等，那么妻子即使收入低一些，也能掌握更大的权力。

人们一般认为“经济地位决定政治地位”，其实也不尽然。夫妻双方所占的资源，不能完全用个人收入衡量，还得考虑其他因素，比如是不是异乡人、学识情况、社会地位、家族资源等。我从案例中经常发现，由高收入男（企业主、职业经理人等）和高知女（大学教授、医生、老师、公务员等）组成的夫妻中，丈夫的权力更小一些。也许是知识作为一种重要的资源，给予了妻子更多话语权的原因吧。

总之，夫妻的权力由个人资源决定，但占据更多资源的一方并非就一定具有绝对话语权。修正的资源理论认为，较少依赖方会有更大的权力。

对婚外恋的宽恕：决定宽恕与情感宽恕

一、没有信任，就没有亲密关系

昨晚回家看到妻子的脸色不是很好看。“怎么了？情绪不高啊！”我有点担心是自己回家晚了惹她不高兴，于是很谨慎地问了一句。最近在广州北京路步行街工作，下班比较晚，晚上 11:00 后才能到家。

“唉！小丽的老公出轨了，没想到啊没想到！”

还好不是怪我！我松了一口气。“不会吧，他们那么恩爱，怎么会……”我一边说一边换掉外面的衣服，准备去洗澡。

“就是，真是知人知面不知心！”妻子恶狠狠地说了一句。在她的世界观里，男人出轨是绝对不可以原谅的。

“就是，就是！怎么可以这样呢？你怎么知道他出轨啊！看见了吗？这种事情不要乱说哦！”

“看到了啊！今天在街上看到他和一个女的搂搂抱抱，不是出轨是什么？！你真是的！”妻子愠怒地看着我。

“哦，你厉害！哎，你不是脸盲吗？怎么看得出来！会不会看错了？”我笑着说，想缓和一下气氛。

“你才脸盲，你大脸盲！”

“好了，不跟你说了，我去洗澡！站一天累死了。”

“滚！”

“好的。”我拿着衣服去洗澡房。

打开水龙头，我还在想刚才的事情：出轨。

出轨之后，信任就消失了。

人与人之间的信任，非常难得。可能亲子（包含母子、母女、父子、父女，以下同）之间的信任是由上天赋予的，在人一出生的时候就已经存在，我们把这种天赋的信任称为依恋关系。这种关系一旦建立就很难被破坏，包容性很强。

除了天赋的信任，其他信任关系都需要通过努力构建来得到，并且切记不要损害，一旦关系受到损害就很难弥补。我记得以前看过这样一句话：信任就像一张白纸，如果背叛了对方，就好像白纸上有了一道折痕，无论怎么努力都无法抚平。出轨比背叛还严重，简直是在纸上割了一刀。我在进行咨询时，也经常遇到出轨案例。有一些来访者被出轨后，仍然愿意和对方保持关系，但心里会担心对方是不是还会出轨。还有一些来访者虽然愿意接受被背叛的事实，也愿意重新返回到亲密关系当中去，但是可能在心理上有困惑：自己还能够坚持多久？是否还能够忍受背叛带来的痛苦？大部分的情侣在经历出轨事件后，会选择结束双方的关系。除了在亲密关系当中不要有背叛的行为之外，在朋友、师生以及合作关系当中都不可以有背叛的行为。前面讲过，除了亲子关系之外，其他关系在经历背叛后，都有可能会破裂，使双方变成陌生人，甚至反目成仇。佛家说，贪、嗔、痴是三种恶根。虽然恶根是不合理的欲望、诉求，但是人们在生活当中很难完全放下欲望，放下对这三种心理的诉求。尤其是在亲密关系当中，个人的行为会受到荷尔蒙的驱动，受到一些非意识、无意识的驱使。简单来说：用下半身思考，屁股决定脑袋。出轨行为可能是出于贪恋某种情色关系，或是痴迷于原有情感关系外的情感关系，而这两种情感关系是互不兼容的。当一种情侣关系存在时，就必然会排他性地抑制新的情侣关系的发展。我们可以看到，出轨一旦发生，要么导致原来的亲密关系被彻底破坏，要么导致新发展出的亲密关系在短时间内变坏，这完全符合零和游戏的规则。

因此，我们会说，在亲密关系当中，信任是基础。没有信任，就没有亲密关系。

二、婚外恋的原因和挽救方法

过去 30 年来，婚外恋逐渐成为离婚的一个重要原因。婚外恋影响着婚姻质量和婚姻的稳定性，是婚姻家庭治疗的主要求助问题，同时又对个体心理健康状况有消极影响。

小说创作也热衷于从婚外恋中获取素材。日本畅销书作家林真理子的《三十岁的女人》是一部以婚外恋为主题的小说。《三十岁的女人》原名 *Anego*。在日语里，“anego”的意思为“大姐”，通常是形容那些在公司里辈分很高、极受人尊重的 OL（office lady）。她们通常事业有成，内心寂寞。她们虽然渴望婚姻，却早已过了结婚的花季。被男主角戏称为“anego”的女主角野田奈央子是个精致的女人，带有日本商社女性的温柔、优雅和独立。33 岁，是日本女人眼里最困难的年纪，因为事业和婚姻。

33 岁的奈央子依然未婚，在她极尽优雅的外表之下，却有一颗孤独、寂寞的女人心。她为恋爱、结婚以及和父母的关系苦恼着。奈央子在遇到良缘之前，与自己并不爱的男人保持着暧昧关系。和沟口分手后，奈央子和年轻男职员黑泽发生了关系，与此同时，又去与前程似锦的齐藤相亲，但两段关系均以失败告终。后来，奈央子和绘里子的丈夫泽木邂逅，两人大有相见恨晚的感觉，逐渐陷入不能自拔的婚外恋之中。但伴随这场婚外恋而来的是一个个令人毛骨悚然的纠纷袭扰。结局是绘里子带孕剖腹自杀；由于社会和媒体的舆论压力，奈央子丢掉了体面的工作；婚外恋的男主角泽木则从社会精英沦落到落魄不堪的境地。

婚外恋是一条不归路，只会导致家庭破碎，让夫妻关系变得前途迷茫。

（一）婚外恋到底是什么？

在“婚外恋”中，“婚”的内涵，包括情侣、夫妻，而不应该单纯理解为法定的婚姻关系。学界对于婚外恋的定义不统一。潘绥铭认为，中国的婚外恋至少有三种形式：

第一种是完全纯情的关系（无性关系），即只有精神上的交流，谈得来，但没有进一步的举动。

第二种是像陷入初恋的人那样（情感和性关系并存），双方已经有了接触，甚至偶尔会发生性关系，但主要仍是一种恋爱状态。

第三种就是性关系（以性关系为主），即跟婚外的某人保持着比较稳定的性关系。

这种观点从性和情感两个维度较为粗略地概括了婚外恋的

属性。

与此相似的分类，在张卫的婚外恋定义中也有体现。张卫认为婚外恋也称“婚外恋情”或“外遇”，一般是指存在法定夫妻关系的一方或双方在婚后再觅情爱，与情人保持一种暧昧的三角关系。这种婚外恋爱关系有着程度上的差异：有的是精神上恋慕婚外异性，并不涉及肉体行为，纯属柏拉图式的爱恋；有的则是纯粹的肉体关系，彼此以满足性的欲望为最大目的，谈不上有任何感情的纠葛、爱情的缠绵；还有的则既有异性 / 同性间精神上的感情交融，又有着爱的升华，即彼此拥有对方。其中以精神与肉体的共同拥有为多，这也正是当今社会所存在的婚外恋现象与以往的婚外恋主要的不同之处。

综合一些学者对于婚外恋的定义，国内的婚外恋行为一般具有以下特点：

1. 三角或多角关系。大部分婚外恋牵涉到三个人或者更多人，也就是说，包括一对具有法定婚姻关系的已婚夫妇及第三者、第四者，有的甚至可以涉及数十人甚至数百人。

2. 时间性。婚外恋行为分为短暂的和长久的。短暂的婚外恋行为包括一夜情、嫖娼等，长久的婚外恋行为包括重婚、包二奶、包二公等。

3. 隐蔽性。这是婚外恋行为非常明显的特点，婚外恋行为是偷偷摸摸进行的，具有隐蔽性。

4. 多样性。前面讲过，婚外恋具有性和情感属性，可能是精神的、肉体的或者二者兼具的。仅停留在情感层面的婚外恋有一个专属名词——“精神出轨”。

5. 边界性。婚外恋属于越界行为，同义词“出轨”很直观地表现了其越界的属性。婚外恋行为被大多数人认为是违背伦理道德的不良行为，这可以从“通奸”“偷情”“出轨”这些明显具有贬义色彩的词中看出来。

（二）婚外恋只是因为感情不合吗?

诱发婚外恋的原因非常复杂，并非用一句“感情不合”可以解释。杨津广认为，诱发婚外恋的原因有以下方面：

1. 社会环境因素的影响，即整个社会环境的变迁导致两性关系发生变化。我们也发现，大都市的婚外恋比例要高于小城市的。

2. 婚姻与爱情观念的变质，包括婚恋价值观不统一、依恋关系不和谐、认知模式偏差等因素。心理学家程乐华博士认为，夫妻双方皆为“脸盲”的家庭组合是摩擦较少的家庭组合。

3. 家庭功能的萎缩。很多婚外恋之所以会发生，是因为婚姻早就变得平淡无味，家庭功能也已萎缩崩溃。现代人正经历着各种社会变迁，面对各种压力应接不暇，心力交瘁。夫妻难免会带着工作压力或者情绪回到家庭里面，本来想吐槽一下，结果对方也是满满的负能量，这使各自都无法得到情感的宣泄，也不能满足对方的需求，结果互相回避，以冷战收场。

4. 夫妻亲疏失衡。这既是婚外恋产生的原因，也是表现。夫妻没有守住自己的家庭边界，过分干涉其他家庭，在情感上和经济上给其他家庭提供支持，或者被原生家庭、其他亲属情感性和实质性侵入，导致家庭遭到结构性破坏。

5. 意志力的不足。夫妻中的一方在酒后或者出差等情境下“擦枪走火”，和他人发生了实质性的关系，破坏了对爱人的承诺。承诺这种心理结构，一旦遭到破坏，就永远也无法修复。毕竟，发生了就是发生了，哪怕爱人不知道，天知地知，总有人知道，自己很难迈过那个心坎。

怎么才能减少婚外恋行为？

减少婚外恋行为，还得靠夫妻双方关系的调节。王淑合就家庭生活中夫妻之间怎样相处才能预防婚外恋的发生提出了以下参考意见：

- 不要让对方产生孤独感；
- 丰富家庭生活；
- 营造和谐愉快的家庭气氛；
- 重视夫妻之间的性生活；
- 夫妻之间要充分沟通、相互信任。

（三）从对婚外恋的宽恕到情感挽救

婚外恋会给人造成心理创伤，导致个体出现焦虑、愤怒、抑郁、悲痛和恐惧等创伤性心理反应。在针对婚外恋问题的治疗中，学者们强调宽恕在个体心理健康和婚姻关系修复中的重要作用。什么是宽恕呢？麦卡洛（McCullough）把婚恋中的宽恕定义为亲社会性动机的转变过程，即在认知上、情感上和行为上对伤害者的消极动机减弱，积极动机增强。

宽恕和心理健康的关系呈现出文化差异。以西方文化为背景的研究显示，宽恕和心理健康呈现正相关关系；然而，以韩国居民为调查对象的研究显示，宽恕和抑郁相关。沃辛顿（Worthington）认为，宽恕对心理健康的影响差异是可以用文化差异解释的。宽恕可以分为决定宽恕和情感宽恕。决定宽恕，可以理解为一种认知上的妥协，即说服自己去宽恕对方；情感宽恕却发生得比较慢，也许需要数年才能做到。

在东方的集体主义文化中，被出轨的一方（通常为女性）为保持家庭和谐会压抑自己的消极情感。考虑到未成年子女还需要完整的家庭以及经济支持，被出轨方会对发生婚外恋的配偶表现出妥协的态度，决定宽恕对方。但事实上，被出轨方在情感上并没有宽恕对方，而是压抑了对其的负面情绪。我们在多篇文章里面强调，被压抑的负面情绪不是消失了，而是转化成了负面情绪体验，影响心理健康和生理健康。有研究发现，被出轨的女性的心理健康水平明显偏低。只有当决定宽恕和情感宽恕同时发生，才能够减少配偶婚外恋对个体心理健康的消极影响。

池培莲等人在 2011 年采用问卷调查法对 82 名配偶婚外恋的热线求助者进行测查，分别测量求助者的决定宽恕和情感宽恕得分，同时测量自尊、抑郁、生活满意度等指标。结果显示：不论是决定宽恕，还是情感宽恕，都和生活满意度呈现正相关关系。

决定宽恕和情感宽恕与心理健康的相关数据分析表

	1	2	3	4	5	6
决定宽恕	1.00					
情感宽恕	0.37**	1.00				
自尊	0.10	0.17	1.00			
生活满意度	0.32**	0.22**	0.40**	1.00		
抑郁	–0.06	–0.30**	–0.41**	–0.27*	1.00	
沉思	–0.22*	–0.52**	–0.29**	–0.2	0.68	1.00

注：*P<0.05，**P<0.01，***P<0.001（P<0.05 为有统计学差异，P<0.01 为有显著统计学差异，P<0.001 为有极其显著的统计学差异）

进一步回归分析结果显示：我们可以通过决定宽恕预测生活满意度指标，情感宽恕可以减少抑郁的发生。

基于上面的研究，我们认为心理咨询师、治疗师在面对婚外恋案例的时候，需要注意宽恕对于维持心理健康的作用，并且要区分决定宽恕和情感宽恕。决定宽恕和情感宽恕是两个相互关联又相互区别的心理概念：决定宽恕能够促进积极的心理状态，如生活满意度；而情感宽恕能减轻配偶婚外恋对来访者的消极心理影响，如抑郁和沉思。宽恕是一个二维的结构模型。研究发现，人在被出轨后，心理的宽恕历程可以分为三种状态：

- 低决定宽恕 & 低情感宽恕；
- 高决定宽恕 & 低情感宽恕；
- 高决定宽恕 & 高情感宽恕。

池培莲等认为，在中国文化背景下，决定宽恕在婚姻家庭治疗中有重要意义。

第一，决定宽恕对于个体心理健康有积极作用。在求助者无法实现情感宽恕时，治疗师可以先促进求助者实现行为上的宽恕，即决定宽恕，改善求助者的心理健康状态。

第二，决定宽恕对情感宽恕有促进作用。治疗师可以先易后难、由表及里地促进求助者慢慢实现认知、情感、行为上的完全宽恕。

第三，决定宽恕对于婚姻关系的修补有重要影响。它可以给有婚外恋行为的一方希望，即有可能得到对方的宽恕或对方也希望婚姻关系继续，从而促使其更多地做出寻求宽恕的行为。当更多寻求宽恕的行为被受伤一方感知到时，受伤一方会更容易获得心理平衡，实现情感宽恕，这样就形成了夫妻双方的积极互动，从而促进婚姻关系的修补。研究显示，决定宽恕和情感宽恕对个体心理健康有积极影响，婚姻家庭治疗师或其他专业人士应关注两者在婚外恋创伤心理治疗中的重要意义。

婚外恋可以被认为是一种婚恋关系恶化的结果，而不是婚恋关系恶化的原因。一般认为，一方如果在婚姻中总是不能够得到满足，就会发生婚外恋行为。当然，这种行为必然在道德层面遭到唾弃。

为什么感情会变差：
《三十而已》告诉了我们什么？

情感关系让感情变差还是变好？

一、投射与共情：从别人的故事中看到自己

有段时间电视剧《三十而已》热播，剧中人的感情发展引起大众讨论。

结婚的，离婚。

恋爱的，分手。

爱情、婚姻，这么令人失望吗？

大家在骂小三、骂渣男的过程中，激起了自我共鸣，多少都带着投射心理和共情效应。

（一）感情方面

投射，即从剧中人的身上看到了自己过去的影子。过去的什么影子呢？婚姻中的被背叛，比如顾家的顾佳，虽然开除了买橘子向许幻山示好的女职员李可，却防不住许幻山出差遇到

的游乐场文员林有有。婚姻中的吵架，比如钟晓芹，每次回家打不开那个门，反复抱怨家里的锁，但陈屿就是不修！这种无力感，有没有让自己想到什么？自己是不是在情感里面也有修不了的锁、开不了的门呢？

共情，指从剧中人的身上体会其痛苦。求之不得，为苦。钟晓芹想要孩子，好不容易怀上却流产了。王漫妮自以为找到了真爱，两人可以天长地久，可惜对方已经有女朋友。自己和对方究竟是恋人关系，还是自作多情，仅仅是对方的一个玩物罢了？王漫妮陷入了认知不协调之中。

认知不协调是一个非常重要的心理学理论，20 世纪 50 年代由心理学家费斯廷格（Festinger）创立。他认为人们的内心存在矛盾和不矛盾两种状态。每个人都想让自己的内心不矛盾，但是做不到——所有人都处在矛盾的状态。矛盾这个词，冲突性太强，于是费斯廷格把“矛盾”换为“协调”，即每个人心理都可能不协调。

这个理论有一个基本的假设：

费斯廷格认为，人们为了内心的平静与和谐，常从认知中寻求一致性，但是不协调作为认知关系中的一种，必然导致心理上的不和谐。

不协调具有心理动力属性，会促使人们努力保持心理上的一致。于是费斯廷格进一步提出两大基本假设：

一是出于心理上的不适，不协调的存在将推动人们去努力减少它，并达到协调一致的目的；

二是当不协调出现时，除设法减少它以外，人们还可以能动地避开那些很可能使这种不协调加剧的情境因素和信息因素。

认知不协调强调的是认知，即个体对环境、他人及自身行为的看法、信念、知识和态度。该理论包含两个认知要素。

要素一：关于自身特点和自己行为的知识。比如，我今天要出去跑步。

要素二：关于周围环境的知识。比如，外面在下雨。

基本认知要素的关系决定了认知结构的状态。认知要素之间的关系有三种：无关系、协调一致的关系、不协调的关系。

1. 无关系。两种认知要素间没有联系，比如“我是一个学生（自身特点）”与“外面在下雨（环境）”。

2. 协调一致的关系。两种认知要素的含义一致或者接近，相互之间不矛盾、保持协调状态。比如“我是一个学生”与“我在学习”。

3. 不协调的关系。如果考虑到这两种认知要素单独存在的情况，那么一种认知要素将由其反面产生出它的正面……假如从 y 产生出非 x，那么 x 和 y 就是不协调的。

（二）职业方面

投射，如价值感缺失。钟晓芹在物业办公室内就是一个打杂者，做着各种打杂工作 —— 冲咖啡、复印、拿文具。钟晓芹 30 岁了，自大学毕业起工作也有八九年，只做这些没有技术含量的工作，价值感体现在哪里？

王漫妮辛辛苦苦地工作，想要在 30 岁时升迁主管。她为了销售业绩，白天不敢多喝水，不敢上厕所，得了急性肾炎，付出的不只是精力，还有巨大的身体健康代价。职场里面，她和同事明争暗斗，差一点因为会员卡积分问题名誉扫地而无法在行业立足。在工作中，她还遇到过性骚扰。职场女士，总是那么不容易。

共情，如设身处地地体会剧中人的心理。王漫妮谈成了一个价值 100 万的大单子——定制的项链。你有没有体会到其内心的开心？又比如，顾佳为了挽救公司生意约老万吃饭，一开始就自罚白酒。以为这样就行了？老万手脚不干净，对她进行性骚扰。你有没有体会到她的愤怒？

案例太多，不一一列举。

这部剧，比较真实地反映了当前大都市人们的生活状况。夫妻关系破裂、恋人关系结束，是这部剧的主线、主题。

那么，怎么让情感关系变差或变好？

我也许无法靠一篇文章来解释这么大的问题，但是可以通过一个中观的模型——主－客体互倚模型（Actor-Partner Interdependence Model, APIM）来解释关系的变化。

二、怎么处理情绪才能维护感情

情感，重在情。夫妻之间，互相依恋，保持着情感的连接，也体会着对方的情绪。

“我的心情，不仅受自己影响，还受他人影响。”这句话，相信大家不会反驳吧！

每天的情绪，就好比流水，来来去去。情绪来了，随后又走。走不了的情绪，会聚集在身体内。心理学研究显示，当负面情绪被压抑时，表面上看似没有了，但是个人的负面情绪体验还在。无法排解的情绪，犹如寒冰，总是留着，会影响身心健康。长期抑郁的女性，容易患妇科疾病。中医常用逍遥散为方子，缓解女性抑郁。

（一）情绪是怎么来的呢

情绪不自生，来自个体自身，也来自他人。

情绪也不自灭，需要个体进行消化、转化。

有时候，情绪来了，自己知道；情绪去了，自己反而不知道。转化掉的情绪，就消失了。就好像水，遇热会变成雾气蒸发，但遇冷就会凝结。凝结住的情绪，可能在体内的任何地方：在头，即头疼、头晕；在胃，即胃疼；在肠，即肚子疼、腹泻；在心，即心痛。由此，情绪的凝结，造成了很多躯体症状。最近发表在《细胞》（*Cell*）期刊的研究显示：心理压力会导致心血管疾病恶化，菌群是帮凶。研究者发现：

1. 在镰状细胞贫血（sickle cell anemia，SCA）小鼠模型中，心理压力（束缚应激及重复社交失败压力）可触发血管闭塞发作（vaso-occlusive episode，VOE），并恶化炎症；

2. 心理压力可通过共生菌群依赖性，促进衰老中性粒细胞扩增并在血管中聚集，以介导 VOE 的发生；

3. 机制上，心理压力可激活下丘脑－垂体－肾上腺轴，导致糖皮质激素的分泌，增加肠道通透性及细菌易位；

4. 分节丝状菌可激活 Th17 细胞产生 IL–17A，后者促进 G-CSF 的产生，从而使心理压力诱导的衰老中性粒细胞扩增。

（二）知道惭愧就还有救

宗教文化在心理疾病的发病及康复中具有“双刃剑”的作用。一方面，它可以使个体的精神系统因自我界限的丧失而表现出精神病态；另一方面，它可以使个体精神系统走向进一步的发展和成熟。中国人能够从传统文化中找到心理的力量，而这可能是中国人更少地寻求心理咨询的原因。唯识宗五十一心所分为六类，第三类为“善”。善共有十一种，善之三为惭，善之四为愧。

1. 什么是惭？

《成唯识论》说：“惭数者，谓依自法力、崇重贤善为性。”解释为，靠自己的自制力，向好的人学习，贯彻人间正道、正义。

2. 什么是愧？

《成唯识论》说：“愧数者，谓依世间力、轻拒暴恶为性。”解释为，靠外在的监督，轻视、拒绝做残暴、罪恶的事情。

熊十力进一步引注：“于所作罪，羞耻为性”，则二数无异相也。

惭与愧，前者自律，后者他律，皆为羞耻之心。

在《三十而已》中，惭愧现形者如下：

许幻山明知自有家室，却出轨偷腥，事情败露后不敢面对，不愿意和林有有结婚，结果妻离子散、事业惨败、锒铛入狱。愧而无心，心中有鬼。

梁正贤已经有女朋友，却外出另寻新欢，痴人说梦：“你们一南一北，不是很好吗？”愧而无心，心中有鬼。

钟晓阳明知钟晓芹有丈夫，却和她暧昧不已。在钟晓芹离婚当天，钟晓阳说：“你今天画了眼线，口红太艳，这样不好看。”小女生化妆，她自己愿意，她丈夫没意见，一个男同事有什么理由发表意见？这说明他心中有她。此为有愧，鬼也。

正如明朝王阳明所说：“你未看此花时，此花与汝心同归于寂；你来看此花时，则此花颜色一时明白起来，便知此花不在你的心外。”

虽然陈屿没有出轨、家暴，也没有赌博、酗酒等不良嗜好，但妻子反复抱怨家里的门锁，他都不去修理。这是要将她拒之门外吗？两人在一次情绪爆发后，以离婚收场。他的婚恋价值观，即“结婚是为了省心”是不对的。他不但不努力提升安全感，反而极力回避，让对方没有安全感。慚，无心，斩也，斩断关系，离婚。后来，陈屿改过自新，才有可能使二人续上前缘。虽然电视剧中的人物有为了推动剧情发展而夸张的地方，但现实中的我们要引以为戒，要学会控制自己的情绪，只有开放且真诚地沟通，才能维护好彼此的感情。

婚姻生活当中，柴米油盐酱醋茶，两个人在一起，有和谐共处、相亲相爱的时候，也有撕破脸互相指责热战、互不来往回避冷战的时候。相亲相爱自然好，浪漫温馨，激情四射，但好花不常开，夫妻在一起的时候以平静恬淡为主，偶尔还有冲突。怎么应对冲突，也许是夫妻的必修课。

老婆离家出走了：从依恋理论看夫妻关系

一、老婆气得离家出走了

我有一个朋友，打电话来，说："哥，来我家里坐一下。"我问："有什么事情吗？"

他不告诉我具体事情，只说，"你来了就知道了"。

好朋友的请求，我也不好推脱。我知道他是一个比较回避亲密关系的人，而他老婆是一个比较会关心他且很照顾家的人。看这样子，他老婆很可能是焦虑型的人。

在这个家庭中，焦虑型的妻子会感觉自己很受伤，感觉自己总是被忽视、被忽略，在感情中得不到温暖和爱。而回避型的丈夫会觉得自己的老婆很作，爱耍小性子。火星撞地球，冲突在所难免。

到了他家里，我发现只有他一个人在，他老婆不在。

我问："你老婆呢？"

他说："她回娘家了。唉！"

看他垂头丧气的样子，我问："你们是不是又吵架了？"

在我的印象里，他们夫妻每个月都要吵一架。上次吵架的时候，夫妻闹得很不愉快，他被老婆赶出家门，到我家里住了一晚。

但是，这次不一样，这次是他老婆回娘家了。

我问："这次又怎么了？"

他说："我老婆总觉得我不爱她。"

我问："这又是怎么说呢？"

他说："她觉得我不能容忍她的小脾气。"

我问："她经常发脾气吗？"

"也不是，就是在她生理期快到的那几天，可能情绪波动比较大嘛。昨天，她说自己不舒服，然后我叫她喝一点姜糖水，她就发脾气了，说：'不想喝，你就知道叫我喝姜糖水！'我当时就有点不高兴了，我劝她喝姜糖水，也是为她好啊。当时我也没有控制好，就说：'那不想喝就不要喝，让你疼。'这时候，她就哭了，说：'你有没有良心啊？我这么不舒服，你还给我脸色看。你是真的爱我吗？你没有痛过怎么知道难受？你给我滚！'我当时也不知道哪里来的脾气，就说：'滚就滚！'然后自己去打游戏了。"他说。

我插话："兄弟，你不应该去打游戏啊！"

他说："哥，你听我说。"

他继续说。

"隔了一会儿，我听到房间里有哭声，然后就是老婆收拾衣服装箱子的声音。我进去，看到她把衣服一件件装进箱子，问：'你这是要干吗？'她也不回答我，然后很生气地把房门关上，自己一个人在里面。又过了一会儿，我听到她接电话，说让对方在小区门口等一下，自己马上下楼。我猜是滴滴司机的电话。

我怕得要死，知道自己这次完蛋了。我想劝她不要走，可是又不敢。就这样，她出门了，出去的时候还狠狠地摔了门。等她走后好一会儿，我才回过神来。这才给你打电话。怎么办啊，哥！”

我听完，说：“你啊，知道错了吧？”

他说：“知道了，知道了，可是怎么我就管不住自己的情绪呢？”

回避型人格的情绪识别特点

我们来分析分析，我这位回避型的朋友。看到老婆生气，怎么就管不住自己呢？

这和回避型人格的情绪识别特点有关。

回避型的人在识别不同的情绪面孔上表现出很独特的特点。他们在识别愤怒情绪的时候非常敏感。当对方生气了，哪怕只是有一点点生气，回避型的人都能够觉察到。一旦觉察到，他们就会采取行动，即躲得远远的。为什么回避型的人要躲得远远的呢？

因为，离开愤怒的人是一种自我保护机制。

我们可以进一步来解释这种回避策略。

第一种解释是，愤怒的面孔代表着对方的拒绝。回避型的人在成长过程中有类似的经历。他们在生命的早期（0—3 岁）总是遭到拒绝。当拒绝经常发生时，回避型的人就会逐渐对拒绝保持警觉的态度，这种警觉使得他们将有可能唤醒他们痛苦的依恋经历的信息保存在意识知觉之外。那么，为什么回避型的人会对负面情绪保持警觉呢？这仍然是出于一种自我保护机制。保持高度的警觉恰好是成功地回避负面信息的一个前提。

第二种解释是，回避型的人之所以对负面情绪这么敏感，是由于当他们面对负面情绪的时候，自己内心的恐惧系统被激活了。而恐惧系统是与依恋系统相联系的。后期很多研究也证明，亲密关系是抵抗恐惧的重要心理机制。此外，按进化论的观点来看，个体如果无法确定看护人可以给自己提供保护，就会警惕地审视自己所处的环境中是否存在威胁，以便迅速做出反应。

总之，回避型的人对负面情绪是敏感的。又由于人对于情绪的识别发生在 0.5 秒以内，甚至意识上还没有觉察到，大脑就已经发现了负面情绪，此时回避型的人就会自动地采取回避的策略，比如我朋友说“滚就滚”。

二、焦虑型与回避型的战争

在他承认自己错了后，我说：“这也不完全怪你，弟妹有时候也会放大一些焦虑情绪。”

我话音刚落，他连忙接话说：“是的，哥。有时候，我都不知道自己哪里做错了，或者她又觉得哪里不如意了，甚至有时候我一句话都没有说，她就开始生气，搞得我都有点莫名其妙。远的不说，就说最近一次吧！你也知道，我喜欢玩游戏。结婚以前呢，我是每天都玩到很晚的。结婚后，她说了我好几次，叫我早点睡，我有点不乐意，我们为这件事情吵了几次。后来，她下了死命令，说要么和她睡，要么滚到客厅去和手机睡。我觉得她也是真的生气了，而且她最近工作也很辛苦，睡眠不好，我就答应最迟晚上 11:30 睡。”

这时候，我插了一句：“兄弟，弟妹是要你多陪陪她吧？”

他回答说：“是吗？好像是，她经常说我不关心她，我以后注意，尽量在家不玩手机。”

我有点不高兴了，心想这个小兄弟脑袋有点不灵光啊！

我补充了一句，说：“手机可以玩，但是你得多表现出对弟妹的爱啊，比如一起出去吃饭、看电影、进行其他娱乐活动，多出去走走，对吧？你也别整天上班工作、下班游戏，对女孩子要走心。你再不认真一点，我不是吓你哦，你老婆会不喜欢你的。这么好的媳妇，打着灯笼也找不着啊。”

他看我说得比较严肃，皱起了眉头，问：“哥，你说我怎么就不觉得她哪里好呢？”

我说：“跟你说过的，你属于回避型依恋类型。这种类型的人是会贬低对方的，而且这种意识非常隐蔽，会在不自觉的情况下出现。跟我学一点心理学吧，能够改善你们夫妻的关系。”

他默默点了一下头，继续说：“哥，你觉不觉得我老婆有点矫情呢？好像很容易就生气，是不是女孩子都这么难哄的啊？子曰：唯女子与小人为难养也！”

听到这句话时，我刚好在喝水，直接喷了出来。

“狗屁，你还‘子曰’，你是哪个年代的人啊？那个是什么年代，现在是什么年代？现在我们身边的这些都市白领，个个都受过高等教育，她们需要男生养吗？还难养呢！我看你是大男子主义太重了啊。你这话，别在弟妹面前说啊。”

我接着说：“弟妹是焦虑型依恋类型。知道焦虑型不？也就是一些书里面讲的倾注型。这种人啊，在感情里面会全身心地投入，就好像倾注一身的力量，扑到对方身上。这有好的一面，也有不好的一面。先说好的吧，焦虑型依恋类型的人会关心人、照顾人、体贴人。不好的呢，就是这种人容易焦虑，容易受伤，担心自己被抛弃、没价值。先提出分手的，往往也是这类人。

他们一旦担心，就会焦虑，焦虑了会怎么样呢？你说。”

他回答：“发脾气呗！哦，哥，我知道了，我老婆是焦虑型是吧，你怎么不早跟我说呢？”

我没好气地说：“我跟你说过好多遍了。在你们结婚前，我就帮你们测了依恋类型。当时我就提醒你，叫你好好对她，说你年纪也不小了，这下总算是有家了，对方是焦虑型的人，会关心你，你得接受，还记得不？”

他说：“记得记得，是我不长心眼。哥，您别生气。”

我说：“想听一听为什么焦虑型的人容易生气吗？”

他说：“愿闻其详！”

为什么焦虑型的人容易生气?

回避型的人，对负面情绪非常敏感，对愤怒、恐惧等负面情绪采取回避策略。回避型依恋类型的人会保持警觉，是为了在随后的加工阶段中转移对引起痛苦的负面情绪线索的注意，从而有效回避这种信息。他们采用的是抑制激活策略（deactivating strategy，DS）。而焦虑型依恋类型的人会保持警觉，是为了随后能将注意力集中到情绪线索上。他们夸大引起痛苦的负面情绪线索，渴望与依恋对象保持情感上的亲密，采用的是过度激活策略（hyperactivating strategy，HS）。

因此，焦虑型的人在采取 HS 后，会引发自己的负面情绪。这时候，回避型的人就采取 DS，主动回避，进而会出现故事里面的情况——“滚就滚”！

三、生气了应该怎么办？

我说："焦虑型的人有一个很重要的特点，至于是什么，我先卖一个关子。我先来问问你，你得一五一十、老老实实地说。"

他说："好的，哥，你问。"

我说："一般弟妹遇到什么情况会生气？"

他说："这就不好说了，我也完全没有头绪。有时候吧，我自己觉得她应该生气的时候，她反而不生气。可是有时候，她莫名其妙就生气了，我也不知道为啥。比如有一次，我和她一起去逛街，给她买鞋。天气冷了嘛，她想买一双靴子。我也知道她喜欢靴子，就陪她去了。那天出门的时候我们还是很高兴的，我开车，然后两个人有说有笑地到了停车场，把车停好后就到购物广场去。哥，你知道的，我不喜欢逛街。她进鞋店的时候，我要么站在店门口发呆，要么坐在店里面的凳子上看手机。"

我问："你没有参谋参谋，帮忙看看鞋子款式什么的吗？"

他说："没有，我这个审美不行的，自己都穿不漂亮，哪里有资格给她提意见呢？"

我说："你怎么也得说几句嘛，颜色、款式、尺码什么的。你啥也不说，她会觉得你不配合、不耐烦的。"

他接着说："是的，哥，我当时也不知道啊！刚开始逛街的时候，气氛还好，可是逛了几个店，我有点不耐烦了，就随口一说：'都不喜欢吗？怎么挑了那么久？'这时候她就不高兴了，说：'怎么了，不耐烦了呀？不喜欢你可以走啊，我又没有拦着你！'"

我笑了，说："你呀，还是想得太简单了。怎么可以这样说呢？”

他说：“是啊，我也知道自己不能那样的，可是，话说出去了，也收不回来了。然后，她就开始不高兴了，也不看鞋子了。我去拉她的手，她一下子就甩开，自己走了，还走得很快。我都跟不上呢！”

我说：“嗯，你是祸从口出！讲完了吗？”

他说：“还没完，你听我说。后来，她很久都不理我，吃饭的时候也闷闷不乐的。我以为回家之后就没事了，结果回家更惨。回家后，她就说：‘叫你一起去买鞋子，你都不乐意，哦，你就愿意陪你那个小姐姐是吧？她又漂亮又温柔，你去和她过啊！’”

我问：“哪个小姐姐啊？”

他说：“我的前任。我跟我老婆说过，有一次，我陪前任去买鞋，去了很多个商场才买到一双适合她的鞋子。因为她的脚比较小，不容易买到合适的尺码。”

我说：“你怎么把你和前任的生活披露得这么详细啊，是上市公司披露财务报表吗？没必要说得这么清楚嘛！好了，我也不说你了，否则你更难受。”

我接着说：“焦虑型的人很重要的一个特点，是他们觉得自己没价值。因为缺乏价值感，所以这类人非常担心他人忽视自己、看不起自己、贬低自己。也就是说，焦虑型的人对于他人的负面评价非常敏感。这里的他人指的是亲密关系中的人，比如夫妻、情侣、父母。”

他说：“我也没贬低她啊，只是说了一句很客观的话——‘逛了这么久’。”

我说：“虽然你以为这句话是客观描述，但是，你认为的客观表达事实上就是你的主观评价。‘这么久’有多久？是几分钟还是几个小时？你在说这句话的时候，也许就表达了你的态度。焦虑型的人是很敏感的，特别是对于负面情绪和负面语言，他们天生保持一种警觉性。这类人就好像惊弓之鸟，一有什么风吹草动，就会立刻有反应。”

他说：“这么麻烦啊，那我以后还怎么说话啊？搞不好哪一句话说错，她又要生气了。”

我说：“你也不要过于担心，弟妹还是很通情达理的。你平时多关心一点，照顾一点，说错话道个歉，也就没事了嘛。不用担心自己没面子，死要面子活受罪。”

他说：“道歉真的有用吗？”

我说：“当然！你以为可以靠讲道理赢回来吗？”

（一）依恋类型影响夫妻关系质量

个人情绪是怎么产生的呢？如果个人即主体，那么环境中的其他人皆为客体。

如果“我”是主体，那么父母（若存）、孩子（若有）、朋友（若有）、伴侣/恋人（若有）、同事（若有）、客户（若有）、陌生人皆为客体。

主体的变量受自己本体（本性）影响，也受客体影响。

研究显示，个体的冲突应对方式能够预测配偶的婚姻质量。

根据塔米（Tammy）等关于冲突应对的研究，冲突应对方式有以下六种：

1. 妥协。在遇到冲突时，双方合作并讨论，以求达到满足双方要求的目标。

2. 控制。在遇到冲突时，一方希望完全按照自己的方法来解决问题。

3. 服从。在遇到冲突时，一方为了使对方满意，或者仅仅是为了能尽快结束争吵而完全听从对方的安排。

4. 分离。在遇到冲突时，双方并不在冲突发生当时就解决，而是先分开一段时间，冷静分析后再做处理。

5. 回避。尽量避免与对方发生冲突。

6. 行为反应。在遇到冲突时，双方会爆发口头辱骂、肢体冲突，给彼此带来痛苦。

研究显示，夫妻冲突应对方式具有部分相关性。

夫妻之间冲突应对方式的相关性

维度	丈夫妥协	丈夫控制	丈夫回避	丈夫分离	丈夫服从	丈夫行为反应
妻子妥协	0.55***	−0.24***	0.09	0.07	0.08	−0.33***
妻子控制	0.01	0.22***	0.1	0.04	0.26***	0.15**
妻子回避	0.15**	0.23***	0.20***	0.12*	0.06	0.14*
妻子分离	0.00	0.25***	0.04	0.41***	0.11	0.23***
妻子服从	0.02	0.32***	0.18	14	0.03	0.31***
妻子行为反应	−0.29***	0.43***	0.01	0.1	0.06	0.60***

注：$*P < 0.05$，$**P < 0.01$，$***P < 0.001$

相关系数比较高的有“丈夫妥协和妻子妥协”“丈夫行为反应和妻子行为反应”“丈夫控制和妻子行为反应”。

这种互动效应可以用主客体互倚模型解释。肯尼（Kenny）等认为，可以用结构方程来探究夫妻之间的关系。主客体互倚模型可以被用来分析互相关联的数据。该模型认为，个体的因变量不仅受到个体自变量的影响，而且受到某一范围内特定客体的自变量的影响。个体的因变量受到个体自变量影响的作用被称为主体效应，受到特定客体自变量影响的作用被称为客体效应。这个模型用直白的话来说，即我的心情不仅受自己（个体自变量）影响，还受他人（特定客体自变量）影响。拿婚姻质量来说，个人感受到的婚姻质量，不仅受自己的依恋类型、冲突应对方式影响，还受对方的依恋类型、冲突应对方式影响。妻子的消极依恋（在依恋类型测评中，回避、焦虑的得分越高，表示越消极）能显著地负向预测其自身感知到的婚姻质量。

依恋类型能够影响夫妻的婚姻质量。侯娟等的研究显示，当夫妻均是低消极依恋类型的人时，他们感受到的婚姻质量最高。对妻子而言，夫妻均是高消极依恋类型的组合中，自己感受到的婚姻质量最低。这个结果说明，夫妻都需要向安全依恋类型转化，并且妻子更需要降低消极依恋水平，即减少焦虑和回避。

夫妻间依恋类型的不同组合在婚姻质量总分的差异检验

	夫妻均低消极依恋 *M*（*SD*）	夫高妻低消极依恋 *M*（*SD*）	夫低妻高消极依恋 *M*（*SD*）	夫妻均高消极依恋 *M*（*SD*）	*F*	*df*
丈夫婚姻质量总分	3.34（0.45）	3.29（0.45）	3.04（0.51）	3.23（0.51）	1.998	3
妻子婚姻质量总分	3.38（0.42）	3.23（0.42）	3.07（0.51）	3.01（0.49）	5.645***	3

注：*P<0.05, **P<0.01, ***P<0.001

（二）焦虑型的人怎样改善情绪?

那么，为什么焦虑型的人会对负面信息那么敏感呢？尼登塔尔（Niedenthal）等人采用情绪识别渐变任务，分析焦虑型和回避型依恋类型的人在识别情绪方面的特点。他们发现，焦虑型和回避型依恋类型的人在感知负面情绪线索时的警觉性有所不同。焦虑型依恋类型的人对负面情绪非常警觉，是为了随后能将注意力集中到情绪线索上。他们往往放大负面情绪的影响，夸大自己看到的负面情绪线索。他们这样做的目的不是回避对方，相反，是想引起对方的注意，和对方保持情感上的亲密。他们采用的是过度激活策略。但是，采用这种策略很容易诱发自己的负面情绪，导致自己的情绪体验非常糟糕，也导致对方的情绪感受不好。我们不得不说，这种策略需要改进或者优化。比如，适当地管理情绪，或者适当地撒撒娇，把负面情绪转化为一种很模糊的、又生气又埋怨，同时又有一点点可爱的情绪。

四、道歉真的有用吗?

他说：“我好像不太愿意道歉。通常，看到她发脾气，我就跑得远远的。我觉得她太敏感了，因为一点点小事情就要发脾气，这个日子过不下去了。”

我说：“你经常会有‘过不下去’的想法吗？”

他说：“也不是，就是她闹的时候，我会有这种想法，觉得很生气。哥，你也知道的，一个人在生气的时候，是不可能理性思考的。我记得以前听说过‘左右脑理论’，大脑一边负责理性思维，一边负责感性思维，是吧？”

我说：“你说的有一半是对的，一半是错的。人是有左右脑，但并不是一边负责理性，一边负责感性。左右脑理论已经过时了，负责情感处理的是杏仁核、边缘系统、海马体等，并不是哪一边大脑。”［与情绪相关的脑区主要有以下几个：杏仁核（amygdala）、腹内侧眶额皮质（MOFC）、双侧前额叶（PFC）和前扣带回（anterior cingulate cortex，ACC），见 Ohira et al.，2006。］

他笑了笑说：“哥，你是专家，我不懂装懂瞎说呗！反正呢，我看到她生气就控制不住自己，有点失控的感觉。怎么办呢？”

我说：“我们都会有这样的时候，这说明我们得做情绪管理了。说起来容易，其实做起来也是很容易的！只要掌握方法，情绪管理很容易做到。关键是得有一个监督机制。”

他靠上前，问：“这么简单吗？什么是监督机制？哥，你赶紧教我一下，我请你吃大餐！”

我撇撇嘴，说：“谁稀罕你的大餐，我是为了拯救你们这对欢喜冤家。”

我继续说："正如你自己说的，人的大脑既有负责情感情绪的区域，也有负责理性思维加工的区域。当感性区域被激活的时候，理性区域就会被灭活；当理性区域被激活的时候，感性区域就会被灭活。道理就这么简单。但是，人的情绪反应非常快，情绪属于自动加工思维，也被称为'经验思维'。比如，我们看到蛇，会自动产生恐惧的情绪，这种情绪具有进化的意义。在远古时代，我们的祖先已经进化出了这些自动化的反应。想象一下，那些看到蛇还很好奇地上去摸一摸的祖先，是不是已经死掉了，他们的基因也没有被传递下来。而活下来的祖先，看到蛇就跑得远远的，并且这种反应通过语言、文字等形式一代代传下来。"

他说："哥，印度人不怕蛇！"

我翻了一个白眼："印度人不怕，是因为他们是训练过的好吗？而且很多蛇被拔掉了毒牙，咬了也没事。"

我继续说："因为情绪是自动产生的，所以需要管理。市面上几百上千块钱一节的情绪管理培训课程，核心理论就是这个了。情绪调节无非两种，一种是压抑，另一种是我现在要重点讲的——认知重评。"

他问："哥，压抑很容易理解，但认知重评是什么？你们心理学怎么有这么多看上去都认识，但是组合在一起就让人无法理解的专业词汇啊？能不能说得通俗一点，还能不能好好交朋友了？"

我说："认知重评，也很容易理解，简单来说，就是用大脑重新评价一下自己对事情的看法。很简单，比如你讲的那个'买鞋事件'，弟妹很生气。看到她很生气，你想一想，重新评价一下：她为啥生气？"

他思考了一下，说："她可能觉得我不耐烦了，觉得自己被讨厌了呗。"

我说："很好，那你心里应该怎么想呢？"

他说："既然她都说'不耐烦'，又生气了，那我没办法，只能等她慢慢消气喽！"

我继续问："还有什么办法可以缓和你们之间的紧张局面呢？毕竟，夫妻冷战可不好哦。"

他喝了一口水，身子往后靠（这是缓解紧张的躯体语言：喝水可以让体温降低一些，也可以缓解答不上来的尴尬；身子后靠，是为了远离我），说："我可以反省一下自己，为什么要说'还没挑好啊'。她的生气是我引起的，她是无辜的，也可能她比较敏感，但我不应该说那样的话，我可能需要道歉，是吧？"

我点点头，竖起大拇指，说："很好！你能够跳出自己的视角，从更高的高度去分析自己的心理、语言、行为，这已经是在使用认知重评的策略了。我们把这种自我反思、反省的思维，称为上帝视角。恭喜你，做了一次神，不再受自己的情绪左右了。很多人，在生活、工作里受情绪的左右，成为情绪的奴隶。事实上，我们可以做情绪的主人，可以管理情绪。也许我这样说很书面化，也很理想化，但正因为理想化，我们才能不断地努力和改进，对吧？"

他似懂非懂，点了点头。

我看时间也不早了，就说："既然你懂了，那么你现在应该怎么办呢？"

他说："嗯，我就觉得吧，你是你弟妹搬来的救兵，呵呵。我还是打电话问问她在哪里，说一句'对不起'，把她接回来。"

我说："好吧，后面的事情，你们自己搞定吧，我也该回家了，你嫂子还在等我回家做饭呢！"

认知重评和表达抑制

格罗斯（Gross）的情绪调节理论认为，情绪调节是在情绪发生过程中展开的。情绪发生的不同阶段，会产生不同的调节策略。调节策略主要有两种：认知重评和表达抑制。和表达抑制相比，认知重评能更好地弱化情绪体验，减少生理反应和交感神经系统的激活（一种应激状态下的神经系统反应），降低杏仁核的激活水平，对认知活动不产生影响；表达抑制虽然能够减少情绪行为，却增强了生理反应和交感神经系统的激活，而且杏仁核的激活水平并未降低，干扰认知活动的完成。神经病理学的证据进一步表明，相较于表达抑制，认知重评能更好地调节情绪，有利于人们的身心健康。

当婚姻遭遇暴力时，往往不只是生气这么简单

一、不生气的生气，从拒绝沟通开始

小丽和小勇来到咨询室。

一坐下来，小丽就开始数落小勇：“我跟你都生活 7 年了吧，小勇！刚开始交往的时候，咱们偶尔拌嘴什么的，大家互相让一下，也不至于冷战。可是，结婚后，俩人生活在一起的时间多了，我发现你有时候像个女人一样，也有生理周期啊！大概每隔一两个月，你就会因为一些鸡毛蒜皮的小事情跟我发一次脾气。有时候我真不知道到底我是男人，还是你是男人，怎么还要让我这个女人来哄你呢？”

“哪里有啊！”小勇低头反驳。很明显，他反驳的声音很小，并且他不敢直面小丽。这说明小勇心里面没有什么底气，看来小丽说的大致属实。

“没有吗？有吧！就在昨天，我说：‘碗没洗干净！’一句话惹得你不高兴，你就开始生闷气了。你倒是给我发出来呀！唉，一个人在那里，也不知道是怎么了，闷闷不乐，不看我，

不搭理我，拒绝沟通。老师，他这样每次持续十来天，很有规律的，您说他是不是有病啊?”小丽说话像倒豆子一样，语速快、音调高，几分钟就把夫妻俩互动的情况报告完毕，效率倒是挺高的。我挺喜欢这样的报告方式，可以提高咨询效率。

“他生闷气的时候，你怎么应对呢？”我问，想进一步了解在夫妻相处中一方回避时，另一方的反应。不过我估计，在一方回避的时候，另一方一般采取“追击”的方式，逼迫对方从回避的状况走出来进行交流，但往往事与愿违，回避的一方会变得更加回避。

“他就像一只老鼠一样，躲得远远的，有时候还借故加班不回家。信息也不回，我还以为他出什么状况了呢！老师，跟您讲，我太难了。”小丽哭了起来。

此时，小勇依然低着头，并且头好像垂得更低了。

我看得都有点着急了。当妻子哭泣的时候，丈夫是不是应该安抚一下，比如抱一下，或者拿纸巾给妻子擦眼泪，又或者……总之得做一些动作吧！

眼看着小丽的眼泪从泪珠变成小细流，我实在看不下去了，不得已从桌面上拿了一张面巾纸给她。

“谢谢！”小丽不失礼貌地回应。她继续控诉——对，我当时的确觉得小丽在控诉，控诉对婚姻的不满、丈夫的冷漠，以及无法诉说的内心委屈。可是，除了向我控诉，她又能向谁控诉呢？也许是因为她压抑情感，也许是因为好面子不能暴露自己婚姻的不幸福，总之，小丽现在哭得有多么凄凉，那么她在生活里面就有多么压抑。

此时，小勇依然像一根木头，无表情、无语、无动作，弓着身子呆坐在椅子上。我猜，他此时应该很后悔来咨询室。在家里，小丽数落他也就罢了，现在，数落的过程还被我这么一个男人全程见证着。面子何在？尊严何在？他该如何回应？

小勇在无声地抗议。

在他看来，沉默代表着自己的不满意。这份不满意来自妻子的抱怨，来自我的旁观，来自他自己的无能为力。在此时，小勇的内心被不满意充斥着。“不满意”构成了小勇的基本心态，他很难摆脱这样的心态。

小丽继续控诉着。我相信小丽曾不止一次控诉。可是，控诉是不是有效果呢？

当然没有效果。如果小丽的控诉能够产生效果，哪怕是一丁点儿的效果，他们夫妻俩也不至于来到我这里付费咨询。

如果他们能够协调好二人之间的关系，那对于咨询师来说是一件好事。可是，如果夫妻都能够协调好关系，那么咨询师是不是就没有咨询个案可接了呢？那么咨询师的收入从何而来？这是一个吊诡的话题。在小丽抽泣的时候，我观察着低头的小勇，不禁走神了。

“我无论用什么方法——道歉、开导、讲理、撒娇、哄劝，都没办法让他从情绪中走出来。你说一个大男人，生气了还要老婆哄着，这还是不是一个男人啊！我是不是有点贱啊！”小丽抬手，“啪”的一声拍了下桌子。

小勇身子震了一下，远离小丽。我的上半身也反射性地往后弹开。

被压抑的情绪在咨询师面前得到宣泄，对于来访者来说，也是一件好事。咨询师面对负面情绪需要进行记录和诊断，把来访者的情绪、相关事件做一些连接，寻找情绪的来源，形成咨询策略，引导来访者觉察情绪、处理情绪。

“有时候他虽然被我逗笑了，但还是会继续生气，有时候他还会骂我。他不按时吃饭睡觉，不做事情，脸色越来越差，好像在跟全世界生闷气一样，把自己隔离开。我甚至怀疑他得了精神病。”

“没有啦，我哪里有精神病。”小勇怕被贴上精神病的标签，突然冒出一句。

“你看，不说严重一些，你都不会说一句话。”

小丽继续对我说：“我又心疼他，又感觉到孤独、压抑、绝望，压抑时我时常会心跳加速、手抖。我尽量不爆发，但大都会在持续哄他十来天后忍不住崩溃，和他大吵一架。他被我激得也大声说话了，释放了情绪，就会立马好转，不再进入封闭状态。但是有时候，他陷入激动的状态时也会吓到我，我担心他控制不住会用暴力。事后他和我说，在那种状态下，他的痛苦比我想象的还要多。他觉得天崩地裂、天昏地暗，很绝望，而且他也想从那种情绪状态中走出来，但是他走不出来。我不知道该怎么办，我们分手算了！”

“我不要分手。”小勇瞪大眼睛看着小丽，想伸手去拉她，可是又不敢触碰小丽的手臂。这虽然是一种无意识的行为，却表达了小勇矛盾、纠结、冲突的内心，也如实地展现了两人矛盾的关系：两人想相爱，却都在其中受伤；想好好过日子，却不知道如何建构起和谐的关系。

这种冷战状态是情侣和夫妻间常见的冲突模式，有时候是女生不沟通，有时候是男生不交流。原因很复杂，这里不做解释。只告诉你办法，试一试就会有效果。

建议你保持愉悦，自己开心起来，而不是去逗乐对方。因为如果去逗乐别人，你就会压抑情绪，让自己不舒服。

只要你保持愉悦的心态，对方便会转变情绪。一般来说，2 天起效，4 天转好（有时甚至是当天起效，隔天转好）。

为什么呢？

二、当伴侣寻求安全依恋时，应该怎么办？

我们先来看个心理学实验。

贝克斯（Beckes）结合米库林切（Mikulincer）、谢弗（Shaver）的依恋过程模型（process model of attachment），以及尼尔森（Nelson）和潘克塞普（Panksepp）的综合社会情感系统神经生物学理论（neurobiological theory of an integrated social emotion system）开展了一项实验研究。

实验操作如下：

贝克斯和助手挑选了一些人作为被试（subject，指心理学实验或心理测验中接受实验或测试的对象，可产生或显示被观察的心理现象或行为特质）参与实验，将这些人分为两组。在第一组中，贝克斯在电脑屏幕上用非常短的时间（1 秒以内）呈现一张具有威胁性的图片（如蛇或受重伤的人体），然后再呈现一张微笑的脸赋予他们安全感，最后向参加实验的人呈现一些字母串，要求他们判断它们是不是单词（字母串里面有一些是字母的随机组合，另一些是和依恋相关的词）。

在另外一组中，贝克斯同样在电脑屏幕上用非常短的时间（1 秒以内）呈现一张图片，但是这张图片和前面的不一样，它是一张中性的图片（如擀面杖或是野餐篮），然后再呈现一张微笑的脸赋予他们安全感，最后向参加实验的人呈现一些字母串，要求他们判断它是不是单词。

其实，这两组人看到的只有图片不一样，其他都相同。

结果显示：相对于中性图片，人们在看到具有威胁性的图片的时候，对和依恋相关的单词反应更为迅速。

这证明了贝克斯等人的观点：人们在遇到具有威胁性的情境时，需要寻求安全的感受，此时如果能够出现一张微笑的面孔，那么人们很可能对面孔产生依恋。

也许有人会问，为什么人们在遇到威胁性信号的时候会寻求安全依恋呢？

这个问题问得非常好！我们就需要这种打破砂锅问到底的态度。

尼尔森和潘克塞普在1998年提出了综合社会情感系统神经生物学理论。这个理论结合生物学和社会学，认为人的大脑（也可能是所有灵长类动物的大脑）有一个社会情感系统。这个系统包含两个子系统：一个是关于分离、痛苦的子系统，一个是关于社会、奖赏/接触、舒适的子系统。

当人们面对威胁信号的时候，第一个子系统（分离、痛苦）就会被激活，使人们在心里产生各种负面情绪（由于这个系统被激活得很快，有时候个人还没有感受到而情绪已经被启动）。个人在感受到负面情绪时，需要第二个子系统的支持。

如果这时候出现一个能够提供支持的人，那么第二个子系统（社会、奖赏/接触、舒适）就会被激活，并对前一个子系统（分离、痛苦）进行抑制。当第一个子系统被抑制后，个人就会感到舒适、放松、安全，并最终与提供支持的人产生情感联结。

看起来很复杂，简单来说就是：当个人感到痛苦的时候，需要有人安抚。怎么表现安抚呢？微笑。面部表现出微笑，能够快速让对方感受到支持，进而激活第二个子系统。

结合上面的问题，我们可以做出如下分析：

小勇由于自身原因感受到威胁信号，陷入强烈的负面情绪体验当中。（他自述："我的痛苦比你想象的还要多。我觉得天崩地裂、天昏地暗，很绝望，而且我也想从那种情绪状态中走出来，但是我走不出来。"）

按照我们刚刚学习的综合社会情感系统神经生物学理论，小勇的第一个子系统被激活，处于分离、痛苦阶段。又由于他个人的原因，他无法进行自我排解和自我调整，没有办法摆脱负面情绪。最终，小勇陷入负面情绪无法自拔，很痛苦。

这个时候，小丽如果能够提供支持，就可以让小勇感受到安全，激活第二个子系统。如此一来，小勇就能够逐渐脱离第一个子系统的束缚，进入第二个子系统，感受到舒适，让两人重归于好。

但是，如果小丽也生气（"感觉到孤独、压抑、绝望，压抑时我时常会心跳加速、手抖"）或者发脾气（"忍不住崩溃，和他大吵一架"），那么这只会增强小勇感受到的威胁信号，导致第一个子系统被过度激活。

虽然说是让小勇宣泄情绪，爆发情感，但是两个人都陷入极度的负面情绪冲突之中，这对双方的情感没有好处，只有坏处。小丽觉得很痛苦，想断绝关系。

终有一天，长期冲突会让他们因无法忍受对方的负面情绪而分手。分手后双方又会很痛苦，很难从失恋中走出来。他们也许会复合，然后又分手，直到双方疲倦为止。悲哀！

没有学过科学的心理学，不懂得婚恋沟通秘诀的人，可能会在情感道路上掉进各种坑里。

也许有人会说："你们这些心理学学者就不会夫妻吵架，不会有冲突吗？"

"会啊，但是我们可以快速调整，不让冲突破坏感情。这不，我们前两天还拌了一下嘴，但很快就和好了啊。"

你在怕什么？
从不会分手说起

一、为什么总是走不出失恋？

小芳来到咨询室，面容憔悴。她穿着白色的连衣裙，显得皮肤更苍白。她身材很瘦弱，似乎稍微强一点的风都能把她刮跑。

一坐下来，小芳就开始说自己的经历。

她今年 26 岁，刚刚研究生毕业参加工作。她在读研究生以前遇到一个名叫阿伟的男生。遇到阿伟的时候，小芳比较“倒霉”。那时候，她正面临第一次考研失败、考公务员失败、考雅思失败。总之，各种失败。

小芳是在考研培训班里认识的阿伟。两个人当时只是同学，互相分享学习笔记。后来熟悉了，两人便开始谈起对工作、生活的看法。在一个下雨天，小芳没有带伞，阿伟送她回家。在雨中，阿伟搂了她的腰，但两个人并没有就此确认男女朋友关系。

后来，小芳继续准备考研究生，阿伟参加了工作。两个人虽在同一个城市——广州，但是距离很远。阿伟在白云区，小芳在南沙区，两人距离 50 千米。他们基本上保持微信联系，很少见面。期间，阿伟鼓励小芳读书考研，也会讲自己工作中的烦恼和进步。

一年后，小芳考上研究生，想进一步和阿伟发展关系。这时，她才发现，阿伟在和自己相处的时候，一直都有女朋友。可是，阿伟不是搂了自己吗？小芳感到难以置信！

小芳很难过，觉得自己被欺骗了。她不相信阿伟对自己没有感情，认为阿伟是爱自己的。小芳非常痛苦，考上研究生的喜悦变成了压力。她没有学习的兴趣，也没有时间学习。

面对这样的来访者，心理咨询师应该怎么帮其走出困境呢？

“我一直认为我是他的女朋友，他怎么可以骗我？”小芳说。

“是吗？阿伟有明确地跟你说你是他女朋友吗？”我问。

“有啊，他经常搂着我的肩膀。自从上次下雨天后，他经常在我们一起逛街的时候搂我的肩膀。”

“他有没有对其他人介绍你说‘这是我女朋友’？”我继续追问。因为在小芳讲的经历里面，两个人的男女朋友关系是不明确的。在心理治疗过程中，来访者都倾向于讲那些与自己的期待和愿望一致的故事，并且讲述的都是自己看到的和听到的，或者是自己愿意看到和听到的事情。

“好像没有，这也是我一直不太满意的地方，”小芳嘟囔着，“有一次，我们在天河城逛街，阿伟远远地看到他同学——我不认识——便把搂在我腰上的手放下了。我还奇怪，为什么把手放下来呢？”

“是吧？”我回应了一句，更加怀疑两人的关系。

“嗯，当时我问阿伟：‘怎么那么怕别人知道咱俩的关系呢？’阿伟说：‘什么关系？朋友关系啊！’”

“确定了是男女朋友关系吗？”

“没有！”小芳有点委屈。

看来，小芳把阿伟当成男朋友，而阿伟并不这么认为，或者还没思考清楚。

“考研究生这一年，阿伟主动联系过你吗？多久联系一次呢？”我怀疑阿伟在相处中并不主动。

“一般都是我找他，他很少找我。”

“他为什么不主动联系你呢？”我好奇地问。

“他说是担心影响我的学习，所以不来找我。谁知道呢，也许他和女朋友在一起很开心呢！”小芳的眼泪顺着鼻子流下来。

这时候，我已经比较明确，在阿伟和小芳两个人的交往中，双方一直没有确定男女朋友关系。但小芳不相信阿伟对她没有感情，她认为阿伟是爱自己的。小芳以前没有谈过恋爱，以为阿伟在自己“倒霉”的时候给予支持、鼓励，和自己有躯体接触就是在和自己谈恋爱。

小芳在失意的时候遇到阿伟，度过了甜蜜的一年，她以为这就是爱情。当知道阿伟一直都有女朋友时，她很痛苦，明白自己和阿伟的感情结束了。事实上，这段感情在阿伟看来，从来没有开始，或者只是很暧昧的感情经历。

我带领小芳完成了一次告别仪式，辅导她完成了告别辞。作为告别仪式的见证人，我引导小芳和过去的这段关系告别。在仪式中，她签名承诺，宣读了告别辞。

二、分手告别仪式

那么，为什么需要举行告别仪式呢？

仪式在叙事疗法中很常见，身处后现代的我们需要叙事。人类学家理查森（Richardson）认为，人不仅是生物的存在和经济的、社会的动物，就其本质属性而言，人也是讲故事者（storyteller）。他解释说，讲故事是我们日常生活的根本属性。甚至他还推论说，若要进入故事，就得是人；反过来说则是，若要做人，就要在故事之中。故事是叙述，日常生活是行为，而我们需要探讨的是叙述和行为的共同品质。

叙事疗法界定问题的时候、治疗取得阶段性进展的时候、治疗结束的时候都可以举行仪式。马一波等人也认为，咨询师作为一个局外见证人，在叙事疗法的不同时期可以举行不同的仪式，包括问题界定仪式、阶段性进步仪式和治疗结束仪式。在心理咨询的各种流派中，叙事疗法作为后现代的治疗技术，体现了去中心化和反权威的理念。去中心化的理念要求咨询师摆脱自我思维的限制，主动倾听来访者的叙述；要求咨询师不带任何价值观地倾听，引导来访者讲述自己的故事。受到后现代思潮的影响，叙事疗法强调“以人为中心的治疗”。在长期的心理咨询技术发展过程中，咨询师惯常认为“人有病”。咨询师按照医学的模式，去找疾病名称和证据。而叙事疗法改变了传统心理治疗中“人就是问题”的观点，放弃了“人有病”的理念，尊重来访者的思想和经历，更加积极地看待来访者的主观能动性和创造性。

对于来访者来说，叙事本身就具有激活潜意识和引导意识的双重作用。来访者在自叙过程中，能够让潜在的欲望、直觉浮现出来，而潜意识的浮现是来访者自我成长的关键。这种讲述过程可以让来访者重新审视自己的经历。除了举办仪式，咨询师也可以通过鼓励来访者撰写信件、回顾和反思咨询过程来巩固咨询效果。有研究表明，一封好的咨询回顾信件带来的效果相当于 3.2—4.5 次面谈治疗的效果。

危险关系：蓝颜知己怎么相处才安全

一、是真诚还是暧昧？从蓝颜知己说起

部门聚餐后，小美和阿勇的关系不一样了。

那天部门在KTV聚餐，大家吃着喝着，小美嫌房间里面太吵，便拿了一杯饮料开门出去，在公共区域坐下来。

小美靠在沙发上，漫无目的地扫视着周围，好像在想着什么，但又不知道具体在想什么。

“小美姐，你在这啊！”

“哦，阿勇！是啊，外面空气好一些，里面有点闷。”

小美不敢说自己不喜欢待在里面，否则会显得自己不合群。

“也是，里面是有点闷。”阿勇附和。

“坐啊，我给你拿一杯水？”小美用手指了一下对面沙发，示意阿勇坐下来。

“好啊，正好有事情请教小美姐。”阿勇笑着说，顺势坐下。

“我最近失恋了，想问问怎么才能度过失恋期。”阿勇直接进入话题。

“这个啊！我不清楚啊！”小美不想谈个人敏感话题。

“小美姐，你帮忙想一下，我现在脑子不好用了。”

“反正也没事做，不如逗一逗这个傻小子。”小美心里想。

“你们是怎么认识的？”小美问。

“我们以前是大学同学，后来各自到不同的城市工作。我在广州，女朋友在深圳。”

“后来呢？”

……

聊了很多私人话题后，两个人好像熟悉了很多。小美把阿勇当成蓝颜知己，阿勇则把小美当成姐姐，时不时给小美买奶茶、买工作餐。

两人通过互相坦露隐私，无意间拉近了关系。

两人的关系在另一次部门聚会时又更进一步。当时部门举行年终总结大会，地址选在某温泉度假村。开完会后，大家可以泡温泉放松放松。

小美穿着泳衣，泡在暖水里面。可能因为是工作日，这个温泉度假村没有什么游客。

“小美姐，你也在这里啊！”阿勇披着浴袍站在温泉池旁边。

“是啊，怎么，你泡完了吗？”

“没呀，我才来，这不，刚出来就遇到小美姐了。”

小美不相信他是顺路，认为他肯定是看到自己泡温泉才跟过来的，心想：“这个度假村有很多温泉池，他为什么偏偏来这里呢？肯定是冲着我来的。这个‘小奶狗’倒是很上心啊！难道我这个老阿姨也能让人上头？”小美不自觉想起自己已经和丈夫冷战很久了。两人在家已经分房睡，印证了“中年夫妻好邻居”的社会现象。

对人与人之间的关系，女人的直觉是很准的。不需要听对方说什么，只需要看对方怎么表现，就知道对方心里在想什么。

阿勇不等小美回话，就脱掉浴袍走进了温泉池。

年轻的身体总是让人感叹，青春真好。阿勇健硕的肌肉散发着荷尔蒙的气息，也激发了小美的荷尔蒙，让小美不自觉多看了几眼。

她想："难道我也有点上头？"

"姐，要按摩吗？我帮你放松放松。"阿勇想借着环境提供的机会，增加身体接触。

"不好吧！"小美第一反应是抗拒，毕竟在公共场合，两个人又不是情侣，穿着泳衣进行身体接触有点不合适。

"按摩脚，不会按摩身体的。"阿勇也知道按摩身体不合适。

"别了，怕给人看到。"小美的眼神中流露出一丝丝羞怯。

"哦。"阿勇瞬间理解了小美的表情。

两人沉默了一会儿。关系的突破，反而让他们不知道该怎么聊天了。这时候几个同事有说有笑地走了进来。

"哎，你们在这里啊！水温怎么样？"进来的同事完全没有看出来两人之间的关系。

"挺好的，我和小美姐泡了有一会儿了。这里人少，安静一些。"阿勇回答。

"小美姐，我先走了啊！"阿勇起身对小美喊了一句。

"哦，有好的温泉池来喊我一声。"小美故作镇定，尽量不让其他同事看出两人关系有什么特殊之处。

小美和阿勇之间保持了一种暧昧关系。

按理来说，小美有家庭、有丈夫，怎么能够和异性保持着超越同事关系的情感关系呢？

二、蓝颜知己：都市白领间的新型人际关系

蓝颜知己作为一种常见的异性关系，常常被人提及。

和蓝颜知己相对应的，是红颜知己。这两个词都代表着异性之间非亲情非婚恋的亲密关系。和后者不同的是，蓝颜知己的主体是女性，描述通常是“某某女性的蓝颜知己是某某男性”。

那么蓝颜知己这种男女关系有什么特点呢？

第一，这是一种新型人际关系，常见于都市女性朋友圈。

第二，这种关系建立在平等的基础上，双方没有高低之分。

在和蓝颜知己的对话中，女性感受到“去性别化”的特点，有时候会忽略对方的性别，而仅仅保留朋友的角色。这一点也是蓝颜知己很难转换成婚恋对象的原因。

蓝颜知己的平等性则主要体现在寻求平等的理解与对话、寻求价值的对等性，以及寻求消除两性刻板印象等维度。

我们知道，平等关系对应的是自由。

女性可以完全遵从自己的自由主张，自由地选择怎么生活、和谁交友，以及按照何种方式与他人互动。

女性可以承担男性所承担的职责，比如驾驶机动车、飞机、轮船。女性可以从事程序员工作，进行电脑编程，也能从事金融业务、建筑设计等。几乎所有对男性开放的工作，女性都能胜任。

在一定程度上，传统文化已经不能要求女性做什么或者不做什么。当女性离开生养她们的家乡，进入大都市时，传统的约束力就开始减弱，并越来越弱。

一方面，她们原有的亲情关系在逐渐弱化；另一方面，她们未能建立新的亲密关系，或者亲密关系不如意。蓝颜知己为

她们缓解孤独，又提供了自我边界清晰的可能，既有情又无情，既温暖又冷淡，既牵挂又忘却。

第三，这种关系的紧密程度介于普通朋友和情侣之间，既紧密又松散。

紧密体现在两人谈话的内容上，其中可能涉及许多个人隐私，甚至有一些是不敢和爱人讲的。蓝颜知己承担着“心理树洞”的功能。

松散体现在空间隔离上。两人并不需要亲密接触，甚至很多时候两个人生活在不同的城市、不同的国家。

既松散又分离，也体现了女性在关系把握中的自由。

女性不会因为受制于某种道德约束、法律规定或者情感捆绑而被局限在一段关系中。

蓝颜关系实现了情感和意志的分离，让她们喜欢那个自己喜欢的人，且又不需要承担任何责任。

松散和紧密的关系特点，让这段关系充满了确定和不确定的冲突，既独立又联合，既自由又牵挂，完全在女性的自主拿捏下。这种关系不需要迁就妥协，满足了当代年轻女性的情感需求。

女性能够在和蓝颜知己的互动中感受到平等、自由和默契，而这些感受往往难以在其他关系中获得。

在长期的男权氛围下，夫妻之间很难实现平等。即使双方都接受了高等教育，也难以真正实现平等互动。而蓝颜知己作为心理补偿，弥补着女性心灵的漏洞。从这一点来说，保持蓝颜知己的关系对女性有益。

三、自我暴露与第一异性关系

朋友之间互相交换个人信息的行为，被称为“自我暴露”。

阿特曼（Altman）用社会渗透理论来说明自我暴露在发展友谊等亲密关系上的作用。

阿特曼认为，人际交往的沟通水平决定了亲密关系的发展。人们讨论的话题越浅显，关系越疏远；人们讨论的话题越深入，关系越亲近。这也是我们不随便问对方薪水收入的原因，但话题可以由浅入深。随着话题深入，自我暴露增多，关系也会增进。

社会渗透理论指出，与他人刚认识时，人们在进行自我暴露的时候遵守相互性规范，即自己的暴露水平与他人的暴露水平相对应。意思是，他人暴露水平高时自己的也高，他人暴露水平低时自己的也低。卡普兰（Kaplan）认为，自我暴露中的相互性规范对人际关系的建立与发展极为重要。

如果一个人忽视这种渐进的过程，一下子向他人暴露太多有关自我的信息，就会使他人害怕和退缩，从而给人际关系的建立和发展造成障碍。从某种意义上讲，正是有了这种渗透式的自我暴露，人们才能避免出现由于暴露太快或太慢而引起的消极反应。

人们通常用一种心理学模型——约哈里窗口（Johari Window）来分析自我暴露。

约哈里窗口模型的四个象限

约哈里窗口是对沟通风格进行评估与分类时最常用的模型，解释了人与人沟通过程中存在的四种情况。模型基于个人信息的“暴露”和获得的“反馈”分成四个象限，每个象限代表一种模式。

第一个区域为共知象限，是自己和别人都知道的公开部分，属于“公众我”。这些是不需要掩饰的部分，比如身高、年龄、婚姻状况、喜好等。

第二个区域为他知象限，是自己不知道而别人却知道的部分，即旁观者清、当局者迷的部分，又称“背脊我”。口臭便是最好的例子，所以在国外，有人称这个部分为口臭区。

第三个区域为自知象限，是逃避或隐藏的领域，是我们自己清楚知道而别人不知道的秘密或不可告人之处，是当局者清而旁观者迷的部分，又称“隐私我”。自私、妒忌是我们平常不肯坦露的缺点，心中的愿望、雄心、优点也是我们不敢告诉别人的部分。

第四个区域为盲区象限，即处女领域，是当局者迷而旁观者亦迷的部分，又称“潜在我”。人的潜能常是自己和别人不易发觉的。人的眼睛是雪亮的，朋友之间如果相处久了，也有互相开拓处女领域的美好机会。

在蓝颜关系中，双方互相信任、互相倾诉，在公共场合互相分享工作上的喜怒哀乐，在两人对话的语境中倾述个人的烦恼、心得，达到“无话不谈”的互相暴露程度。两人关系逐渐亲近，有别于其他异性关系——仅谈及普通话题，尽量不涉及个人隐私。

此外，蓝颜知己有可能成为女性的“第一联系异性朋友”。由于两人互相暴露，充满默契，所以当女性遇到困难又不想让其他人知道时，会首选向自己的蓝颜知己寻求帮助，缓解焦虑。

女性在蓝颜关系中寻求独立的空间与清晰的个体边界，这是女性强化自我意识与实现自我价值的途径之一。

四、无可回避的暧昧，必须正视的风险

必须承认，暧昧关系是情感的一种形式。

情爱具有生命本体的特质，内含暧昧、神秘、不可预测的空间。自古以来，情爱一直是文学、歌剧、歌曲创作的重要题材。

我们知道，暧昧关系不属于普通朋友关系，而是在双方态度不明朗的情况下互相靠近或者远离的纠结关系。女性和蓝颜知己之间可能有暧昧关系，但这种关系需要建立在某一方有性吸引条件的基础上。而为了保障难能可贵的平等自由，双方或者某一方会约定规则，不让关系发展为男女朋友关系。

蓝颜关系，也属于情爱关系。那么，蓝颜关系中有没有暧昧的成分？

可能有，也可能没有。

如果有，那么属于“畸形恋爱关系”。如骆驼祥子和虎妞的关系。早期虎妞把祥子当成蓝颜知己（虎妞对祥子所持有的是一厢情愿的单方面情感，祥子并没有喜欢虎妞，即使是发生了性关系的那一晚，依然没有喜欢虎妞），两人行云雨之后，虎妞彻底捅破窗户纸，不管祥子是否愿意，是否喜欢，他们之间的关系彻彻底底成为男女朋友关系。

不过，这段感情注定不会有好的结局。虎妞在各方面都占据优势，而祥子只是一个农村来的人力车夫，注定在两人关系中处于劣势。

暧昧不仅存在于异性之间，也存在于同性之间。

据相关资料记载，冰心曾坦承女校中女性之间的暧昧情谊：“无论同性或异性的恋爱都是有占有性的，两人便或彼此监视，禁止交朋友，不但与同学‘交朋友’，而且还喜欢女教员。”此外，郁达夫、李银河等人也曾在作品中提及同性暧昧。

总之，蓝颜关系是情感关系的一种，彰显着都市女性的自由、男女的平等，但也有情感风险。

第二部分

做复杂职场的明白人

当我们争面子时，我们在争什么？

一、为什么总觉得没面子？

阿良坐在宽大的办公室后，感觉自己到达了人生的巅峰。

“20 年前，有谁相信我会有这样的出息呢？那时候我活得还不如狗！今年回家要好好炫耀一下，开车回去！”阿良心里想。一想起小时候，阿良总有一丝悲伤，还有一点愤怒。

小的时候，家里穷啊！

阿良虽然是独生子，可是和其他独生子比起来，他感觉自己和大街上要饭的差不多。

阿良的父亲原来是矿工，在阿良 5 岁那年，父亲在一次挖矿的时候被机器压断了腿，从此就再也不能做重体力活了。虽然矿上也补贴了一点钱，但是这些钱还不够付医药费的。又由于阿良的父亲没有文化，大字不认识几个，所以只能待在家里。

阿良的母亲身体也不好。她有先天性心脏病，稍微做一点体力活身体就吃不消。阿良全家只能靠母亲帮人家打一点儿散工赚一些生活费，因此经常是有上顿没下顿。

阿良的家庭情况很窘迫。在他的记忆里，衣服就没有新的，鞋子也总是破破烂烂的，更别提书包、笔记本、铅笔盒了。

每一次过年，左邻右舍开开心心地放烟花、吃饺子，而阿良家里却冷冷清清，只能吃一点窝窝头。母亲这时候就会哭，于是在过年的时候，他的父母总会吵起来。

阿良觉得这个家实在是太差劲了，可是又有什么办法呢？当同学们问起他家里的情况时，他感觉非常没有面子。

更让阿良觉得没有面子的事情发生在寒假过后开学的时候。开学那天，同学们都穿着漂亮的新衣服，阿良却穿着打了各种补丁的衣服。走在学校里面，他甚至不敢和同学打招呼，总感觉有人在后面指指点点，说他衣服破破烂烂。阿良很讨厌听电视剧《济公》的主题曲，因为有一次，在学校里，一些同学跟在他后面做鬼脸，一边走还一边唱着“鞋儿破，帽儿破”，这让阿良觉得自尊受到了严重伤害。

回家后，他对母亲说：“我再也不去上学了！”可第二天，他还是老老实实地去学校了。因为阿良知道，不读书的孩子是没有前途的。自己一定要好好读书，出人头地。

读书对阿良来说很轻松。从小学到初中，他上课认真听老师讲，课间就把作业做完了，回家基本上就是玩。高中的学习压力大一点，但是数理化对阿良来说很简单。那些让同学们抓耳挠腮、憋得脸通红也想不出答案来的难题，阿良看一眼就知道怎么做了。

由于成绩好，他的人缘也好了起来。同学们会把各种好吃的、好玩的送给他，主动跟他套近乎交朋友，方便日后抄作业。但是，“家里穷”就好像魔咒一样，吞噬着阿良的自尊。

“成绩好又怎么样？还不是穷光蛋一个。”班里面一些成绩差但家境好的同学在背后这么说他。阿良经过他们身边的时候听到了，觉得他们是故意说给他听的。

不过阿良都习惯了，自小学到高中，这样的话听得还少吗？

穷，就好比无处不在的阴影，时刻笼罩着他。

他封闭自己，觉得没有必要和其他人交流，因为每次交流都会暴露自己的劣势。何必拿自己的劣势给人家嘲笑呢？

慢慢地，阿良养成了这样一个坏毛病：说话的时候不敢和别人对视。刚开始他还不觉得有什么问题，直到有一次老师和他谈话，他一直不看老师，老师有点生气了，说：“你怎么不看着我，听到我说什么了吗？”

“听到了，老师！”阿良低声回答。

“和人家说话，要看着人家的眼睛，否则对方怎么知道你有没有听？阿良你要记住哦！学习好，人际关系也要处理好，否则以后怎么适应社会呢？”老师很生气，噼里啪啦地教训阿良。

被老师批评后，阿良“不敢看人”的毛病不仅没有改掉，反而更加严重了。和别人说话的时候，他总是低头迎合或者点头应付，需要表达同意时就回答“哦”；需要表达不同意的时候就摇头，然后小声说“不”。

于是同学们又给他取了一个绰号——“布偶”，也就是“不哦”的谐音。

“那个布偶又得第一啊，真是的！”

“布偶又没钱买肉吃啊，好可怜！”

……

阿良感觉到人世间满满的恶意。可是又能怎么样呢？他有时候甚至会产生一些不好的想法：

“那几个说悄悄话的，是不是又在取笑我？看他们笑得多么邪恶！”

阿良有一种被歧视的感觉，也因此变得比较敏感。

他终于高中毕业了，考上了理想的大学，专业也是自己选的：数学 – 人工智能方向。

进入大学后，阿良申请了助学金，并且每年都拿奖学金，还参与了老师的一些课题，得到了一些工作补助。大学的生活开销全是他自己赚到的。

大学毕业后，阿良到了这家公司，从程序员开始逐渐学习工作技能，慢慢发展到项目负责人，又成为高级合伙人。公司给他配置了独立办公室、专车，还有高级公寓。

过去那些穷苦的日子，简直不堪回首！让人很没面子啊！

阿良想：“怎么那时候会觉得没面子呢？”

二. 为什么中国人这么爱面子

因为社会比较。通过社会比较，阿良发现自己不如其他同学富裕，衣服破破烂烂，过年过节人家吃大鱼大肉，自己家只有干巴巴的窝窝头，这让他感觉很没面子。

为什么好成绩也不能让阿良感到有面子呢？

是的，好成绩也是可以让人感到有面子的。然而，关于“面子”，很重要的一点是通过可见的成就和夸耀换取声望。

阿良并没有觉得读书是很困难的事情，也并不觉得好成绩有什么好炫耀的！忽视自我的优势，只拿劣势和人家的优势做比较，当然很有挫败感了！

（一）面和脸的区别

有关“面子”的话题，最早是由美国传教士史密斯（Smith）观察到的。他认为中国人对面子的理解很复杂，很难用词语来表达和解释。

林语堂对“面子”做了描述。他认为，面子好像是个人的一件物品，可以获得，也可以失去。把面子的问题带入研究领域的是社会学家胡先缙，她首创性地把社会学意义上的“面子”和“脸”区分开来。

“面子”属于个人的声望，包括成就、业绩等；而“脸”则关乎道德、尊重、品德。虽然两者有明显区别，评价的标准也不一样，但是“面子”和“脸”都能使个体获得群体的尊重。

（二）面子的特点

杨中芳是面子研究领域著名的心理学家，她认为中国人要面子的行为在自我表现上具体呈现出以下五点特征：

1. 重“正名”——任何表现在外的行为，都必须出于一个合礼合宜的理由才算合理；

2. 求同性——中国人在表现自己时，有想要和别人一样的心态；

3. 怕壮性——一种对自己被突出（特别指优秀的一面）、被人注意、被人另眼相待的恐惧感；

4. 间接性——不能说中国人完全没有表现自己优越的一面的欲望，只是他们所采取的方法是非常不同的；

5. 公己与私己关系的可变性——中国人自己的两面性可能

比较高，使得公己与私己的距离可能比较远，端视自己转化发展的进步而定。

既然面子可以丢失也可以获得，那么人们在日常生活工作中要保护或者获得面子，就造成了“护面子”“争面子”两类行为。

（三）有面子的两种方法

但是，中国人不太愿意和其他人产生正面冲突。“正面刚，显得没情商。”因为争面子有可能引起他人的敌意，影响人际关系。怎么才能有面子呢？可以通过间接的方法来表现有面子。

杨中芳认为，可以用“衬托法”或“借助第三者”等来表现自己的优越性。前者往往是利用自我和他人（有权势、地位的人）的联系来彰显自己有面子。比如，“我昨晚和马云一起吃饭”，这种属于利用衬托法来让自己特别有面子。又比如，“在这几个员工里面，李四的技术水平是行业领先的”，通过李四的高水平来衬托出我们公司人才优秀。

后者用第三者的属性类比自己。比如，“我们公司人才济济，有很多博士研究生、硕士研究生，我是最差的那个，很多人都比我优秀”，这就是通过同事的优秀来暗示自己的优秀。

（四）面子动机

杨中芳认为，中国人可以通过与别人形成某种暂时或永久的联合（即“大我”），为“大我”争取面子来保持或提升自己的地位。甚至，中国人还表现出非常强的“大我”面子动机，这成为他们争取上游、奋发图强的动力。

此外，儒家的“知耻”和面子有强关系、强连接。《礼记·中庸》曰：“好学近乎知，力行近乎仁，知耻近乎勇。”

中国的传统教育中普遍运用激发耻辱感的方法，并且常常灌输有关面子与团体的关系的说法，如“为父母争点面子”“为学校争点面子”。这些都是从“大我”的角度来激发个人去争面子的说法。

（五）解决之道

让我们回到阿良的案例。阿良应该怎样解决因面子而产生的难题呢？

结合上述理论，我认为阿良可以通过这几种方法与自我达成和解。

第一，去除耻辱感。羞耻心、耻辱感是内心的自我谴责或自我检讨。在中国文化中，耻辱感和荣誉感相联系。我们通过对耻辱感的转化，掌握技能和更完备的知识，进一步实现人格的成长。首先要认识到，暂时的劣势和落后不等于自尊受到伤害，不等于耻辱。我们需要启动认知来干预，而不是沉溺在负面情绪当中。前面的文章曾介绍，在管理情绪方面，采用认知重评的方法比压抑情绪和宣泄情绪更有效果。

第二，实现自我认同。要明确知道自己的优势在哪里，劣势在哪里。寻求自我认同的过程，也是自我成长的过程。一个人如果能够实现自我认同，就意味着对自己有充分的了解。在了解自我的基础上，整合过去、接纳自我现在的状况、谋划未来，实现过去、现在、未来的整合，确立自己的理想与价值观念，并就未来自我的发展做出判断。有研究发现，自我认同和身心健康呈正相关关系，和情绪稳定性呈负相关关系。

第三，建立自信。在明确优势，知道自己在什么领域做得好后，逐渐发挥优势，建立起自信心。多个研究显示，老年人、残障儿童和青少年经过训练提升自我认同感后，能够增强自信心，并认识到自我的价值。当自我的优势被认同，自我的劣势也被接纳时，人们就能够实现与自我的和解，把精力聚焦在个人的优势方面，确立适当的目标并一步步实现它，树立起自信心。

妒忌：
阻碍你职场进步的绊脚石

一、我知道她比我强，但我就是妒忌她

这次上门咨询的是一位高级白领——美亚。我从资料中得知，这位来访者受过高等教育，在公司担任中层职务，能力很强，很讲究职场礼仪，有一点洁癖，等等。

敲门声响起。

“您好！请进！”我微笑着站起来，手里拿着记录本和笔。

“您是吴老师吧？很高兴认识您！”她可能习惯了商务礼仪，不自觉使用商务用语。但说出来后，她发现情境不太对，然后又补了一句：“吴老师好！”还弯腰点了一下头，感觉像是见老师的学生。

“请您坐这边。”我指着房间里面的皮质沙发说。

“好的。”美亚回道。

“我们的会谈要45—50分钟。请您先说一下困惑。”

“嗯，是这样的。最近，公司开展内部竞聘，我报名了，但是被淘汰了，我感觉自己很失败、很无能。”

“哦，您觉得竞聘失败了，自己的能力被否定了吗？”

这是个好问题。美亚沉思了一会儿。

“是的，我觉得自己一事无成！”

“您能跟我讲一下自己的基本情况吗？比如工作、学历、职位等信息。当然，我会保密——已经签署保密协议了。”

美亚简单介绍了自己的情况。

“除了觉得自己一事无成以外，您还有什么其他想法？”

“我觉得自己不如竞争对手，她也是一个女生，比我强，年纪还比我小一点。我怎么会不如她呢？难道我的能力不如她吗？”美亚说起来，有点儿生气了。

“竞聘结果出来后，同事们都有什么说法吗？”我接着问。

“领导找我谈了，说这次竞聘没成功，以后还有机会。但是我觉得自己很没有面子啊！还不如一个比自己年轻的人？说实在的，我妒忌她了。”

“有点儿妒忌她吗？”

“嗯，有点儿。”

“后来呢？”

“我找借口不去上班了。这几天我还整理了一下自己的简历，把它发给了猎头，看一看有什么好工作。”

“您是准备换工作吗？”

美亚沉思了一会儿。在这短暂的一刻，她似乎在回想那些令她煎熬的事。

“嗯，既然大家喜欢她，那我走好了。”美亚有点儿哽咽。

“您觉得自己离开，会怎么样呢？”

“让更有能力的人来喽，让她来吧，既然她那么能干。反正我不喜欢这里了。”她的语气里明显带着不甘心和不服气。

“您怎么评价她呢？”

“呵呵，我并不觉得她有多好。”在美亚眼里，竞争对手也许是通过暗箱操作取胜的。

“可以理解为，她能竞聘成功，也不完全是因为能力吗？”

“我觉得没错！”这句话她说得斩钉截铁。

“那么您还觉得自己不如她吗？”

“不觉得，我不认为自己哪里不如她！也许是她最近把几个项目做得比较漂亮吧！好像总部的几个领导比较看重项目。”

“既然是这样，那么竞聘失败，不能代表您能力低吧？”

“是哦！我还是那个我，不会因为竞聘失败，就变了啊！这是怎么了，我怎么没看到呢？”美亚小声说道，然后又转向我，“老师您说得对，我好像明白了。谢谢！”

“嗯，不用客气。还有什么问题吗？”

“暂时没有了。非常感谢老师。”

美亚走出了咨询室。

二、妒忌是怎样影响职场人的?

为什么美亚竞聘失败后，会想离职呢?

妒忌！美亚也说了，自己妒忌对手。

什么是妒忌呢?

妒忌（envy）是我们生活和工作中常见的心理。在工作和生活中，人们将自己与他人进行比较，并且进行自我评价，如果觉得自己不如他人，就会产生妒忌心理。妒忌分为两种：恶意妒忌（malicious envy）和善意妒忌（benign envy）。恶意妒忌可以诱发人们做出破坏性行为，比如美亚的旷工；而善意妒忌则可以激励人们提升自己的业绩表现。

妒忌会让人们产生负面情绪。因为意识到别人拥有自己试图拥有却无法拥有的东西，所以消极情绪才会产生。妒忌的两种类型中，恶意妒忌带有明显的敌意，也往往因敌意而产生消极影响。恶意妒忌可能对团队成员间的互动产生消极影响，使缺勤现象增多，降低团队凝聚力、满意度和团队运作的效率。恶意妒忌还可能使人做出贬低他人或者陷害他人的事，以缩短自己和他人的差距，俗称“挖坑”。

善意妒忌才是解决之道

为什么美亚觉得自己没面子呢?

她信心满满地去竞聘，结果输给一个年龄比自己小的女生。美亚觉得自己的地位和尊严受到了威胁。根据心理学家王轶楠、杨中芳等人的观点，面子是个体形成的有关别人对自己在社交圈中地位、身份、声望、被尊重与认可评价的一种自我概念感知。竞聘失败无异于被啪啪打脸。面子和中庸思维是中国文化的重要元素，并对中国人的思想、态度和行为有重要影响，因此，让人没面子的行为很可能会伤害个人的自尊。

竞聘失败导致美亚感觉自己不如竞聘对手，消极比较结果威胁到了她的面子，使她觉得没面子、丢面子，她由此产生了恶意妒忌的情绪反应。

对于美亚来说，改恶意妒忌为善意妒忌，做好自己的工作，迎接下一次的竞聘，可能是比较好的选择。

总觉得自己不行，
总是压力太大怎么办？

一、一个演讲失败的案例

“吴老师，我演讲失败了，这几天都没精力，反反复复想演讲失败的事情。”小美一坐下来，就开始讲她的事情。

“就在上周三，我们领导要求我去参加集团组织的一个演讲比赛。这个演讲比赛，我准备了两周，还专门写了演讲稿、做了 PPT，内容也是领导审核过的。可是这次上台前，我突然觉得肚子不舒服，然后就一直憋着，很难受，结果导致演讲效果不好！”

小美说着说着就哭了起来。看得出她之前一直在压抑自己，没有完全宣泄出悲伤的情绪。

我把纸巾递给她——纸巾最近消耗得很快，差不多两天就用完一盒。

我突然想起一句话：在不确定的环境中，人们会感知到更多压力，导致在使用日常熟练的技能时也会生疏。

当前的环境中有很多不确定性。我寻思着这句话，就好像心里有一个空空的箱子，却想不起来要放些什么东西进去来填满它的空洞。自己何尝不是有相似的感觉呢？我告诉自己，不能再想其他的了，得帮小美解决心理困惑。

“你当时在台上发生了什么？”我问。

“感觉脑子一片空白，好紧张，自己背过的演讲稿也不记得了，好像断片儿了一样。”

“那么你又怎么能够继续演讲呢？”

小美擦了一下眼泪说：“断片儿的时间很短，就几秒钟吧！然后我定了定心神，想起演讲稿的内容了，就继续讲。”

“后来发生了什么呢？”

“后来我就感觉自己表现很不好，觉得大家都在嘲笑我——‘演讲稿都记不住，还来演讲’。”

“这是你当时在台上想的吗？”

“想了一下，然后下台后又反反复复想。”

“那么后来，领导说了什么吗？”

“倒是也没有，领导还鼓励我，说挺好的。但是我自己觉得很丢脸啊！”

小美又哭了起来。

我觉得，这时候有必要先让小美哭一会儿。毕竟，憋了很久的情绪需要找一个机会宣泄出来。在情绪管理方面，虽然宣泄的效果不如认知重评的，但是宣泄总比压抑要好一些吧。

我将视线从咨询室移到窗外，从55楼的窗口往外看。广州珠江新城的写字楼都是这么高。不知道怎么的，我想起家乡的樟树。村子的广场上有一棵樟树，据说有500多年历史了。每到夏天傍晚，我和邻居家的孩子、几个表兄弟就会在樟树下玩耍，吃西瓜、玩游戏……

不知道怎么的，我今天的思绪总是漂移，可能和不确定性有关。

小美擦了一下眼睛，问："老师，我是不是得了抑郁症呢？"

"只是有负面情绪吧，还没到抑郁症那么严重。小美，你很在意别人对你的看法吗？"

"是的，我总想要表现出自己好的那一面，让别人认为我是优秀的。工作中也是这样，领导安排的工作我都很认真地对待。我还会主动做一些事情，比如这次演讲，其实不是我的工作，但是集团发通知鼓励大家报名，我就参加了。经过分公司内部筛选，第一名才能去集团比赛。"

"你在分公司得了第一名，说明你有演讲的能力啊！"

"算是吧！其实我也不知道是不是有，主要是我愿意尝试吧！"

"那么，你是抱着试一试的心态去比赛，还是要争取名次呢？"

"我原本只是想试一试的，挑战一下自我嘛！可是到了比赛现场，领导说：'咱们要努力进前三哦！'我一下子就慌了，感到很可怕！能不能进前三可不一定啊！然后我就开始焦虑，接着就肚子疼。"

"哦！明白了！是领导突然提高了期望对吧？他原来和你交流过吗？"

"有的，但从来没有说要进前三啊！据我了解，公司以前也没有人能够进前三。为什么要我进前三呢？"小美一脸懵的样子。

我看到小美的表情，心里也同情她的遭遇。可是，事情已经发生了，总不能怪领导要求高吧。

"后来结果怎么样呢？"

“没有进前三，得了‘最佳风尚奖’。总共16个人参加比赛，只奖励前六名。1个一等奖，2个二等奖，3个三等奖，其他都是风尚奖、内容奖之类的。”

“你当时听到要进前三的时候，是不是感到很紧张？”

“是的，非常紧张。心里想，早不说，这时候说进前三，我怎么知道能不能进啊！如果不能进，还有什么脸回去？一下子脑子就乱了。”

“哦，了解。小美，现在你闭上眼睛，重新回到领导对你说‘要努力进前三’的场景，你会怎么回答？”

“我试一试，”小美闭上眼睛，“我也许会说：‘那可不一定啊，领导！那些评委我们不熟悉，并且其他公司的选手也很强啊！我会尽力的！’”

“很好，尽量努力对吧！”

“对的，又不是为了名次，而是展示自己嘛。为了名次的话，我就不来了。”

“如果只是上台展示，你还会有压力吗？”

“会有，但我会正常发挥！已经讲了几十遍的东西，怎么会忘记呢？”

“嗯，看来还是心态的问题，是吗？”

“也是，看开一点，放松！”小美好像理解了。

“对的，如果下次还有演讲比赛，你还去吗？”

“不去了，集团的比赛不去了，领导有要求！哈哈！老师，我没啥了，感觉自己好像想太多，其实进不进前三不重要的。”

小美离开了咨询室。我又想起了家乡的老樟树。

它就在那里，为人们遮风挡雨，一直庇佑着村里的人们。当年我5岁，喜欢在老樟树下听村里的老人家讲故事。几百年了，它一直屹立在那里。人们相信它会一直在那里。在村民眼里，老樟树是那么可靠，就像一个长者，给予人们希望和勇气。

小朋友喜欢爬老樟树，5 岁的我还不具备攀爬大树的能力，只能看着其他小哥哥爬上爬下，暗暗许愿，希望有一天自己也能爬上去。后来我去了县城，但每年夏天都会回乡下和表兄弟一起玩。大家讨论长大之后会做什么，是不是待在村子里，或者像县城里面的大人们那样找一份工作，比如老师、司机什么的。我不知道。在听楚汉故事的时候，我觉得自己想当刘邦，不想当萧何、张良。当然，我更不想当项羽，项羽太粗暴了。总之，我觉得自己会做大事，至于是什么大事，我也说不清楚。

窗外是一片高楼，没有老樟树。

那么，为什么小美听到“进前三”会有激烈的情绪反应呢？

二. 如何在面对压力时保持情绪平稳

心理学家布拉斯科维奇（Blascovich）指出，当面对的要求超过了自己的能力时，人们会把要求当成威胁。相反，当面对的要求没有超过自己的能力时，人们会把要求当成挑战。小美在参加比赛前，没有争取名次的期望，觉得自己能够应对演讲比赛，至于能不能拿名次，那是未知数。但是，当小美知道领导的要求时，她觉得这个要求超过了自己的能力，感觉受到了威胁。威胁作为一种负性应激事件，使小美产生了强烈的情绪反应。负性应激事件影响神经系统和内分泌系统，导致胃肠道功能变化，使小美出现了肚子疼的症状。

如何能够让自己在面对压力的时候保持相对平稳的情绪呢？这个说起来很容易，做起来却很难！

根据心理学家拉扎勒斯（Lazarus）和福尔克曼（Folkman）的认知评价理论，刺激会带来生理和心理的反应。应激生理反应依赖于个人对自己与应激环境的关系的认知评价，包括初级评价、次级评价和再评价。初级评价是指人们确认应激事件与自己是否有利害关系，以及这种关系的程度。次级评价是指人们对自己反应行为的调节和控制，主要涉及人们能否控制应激事件以及控制的程度，也就是一种控制判断。再评价是指人们对自己的情绪和行为反应的有效性和适宜性的评价，实际上是一种反馈性行为。

结合小美的案例来看，初级评价是小美面对领导“进前三”的要求感觉自己受到了威胁，产生负面情绪反应。她如果通过初级评价，把“进前三”当成一种挑战，或者不理会领导的要求，也许就不会有负面情绪。

次级评价是就算小美感受到威胁，她也可以进行调节和控制。比如，通过深呼吸、正念冥想让自己的情绪稳定一下，或者将精力重新聚焦在演讲稿上，再熟悉一下稿件。

再评价是小美发现自己听到领导的要求后感到很慌张，觉察到了自己的情绪，知道管理情绪效果不行，需要启动次级评价进行调节和控制。

整个过程说起来很简单。然而，人们在面对刺激的时候，情绪反应非常快，理性思考还来不及介入，情绪就已经爆发了，所以做起来很难。不过，如果在日常生活和工作中刻意练习的话，肯定会有显著效果的。

想要当领导，
你应对挑战的能力到位了吗？

一、为什么你觉得领导那么废，自己却不能当领导？

在职场当中，有一些员工会认为，自己能力也不差、学历也不低，可为什么领导看问题的方式会和自己不一样呢？

还有一些员工会认为，自己的学历比领导的还要高，经验也比领导的丰富，可为什么在做事情的时候总感觉自己很被动，领导却非常主动、积极呢？是不是因为领导的薪酬高、地位高、思维方式不一样呢？

薪酬待遇高是一方面，面对挑战时的认知方式不一样是另一方面。

这里有一个心理学的解释。

耶鲁大学瑞斯尼斯基（Wrzesniewski）等人通过 2010 年的一个研究发现，高级别管理者和低级别管理者在面对挑战时的认知方式不一样。

这个研究调查了营利性和非营利性机构当中的 33 名管理者，了解他们面对职场挑战时的认知反应。研究发现，面对挑战的时候，高级别管理者会尽量去满足自己的期望，而低级别管理者更倾向于满足他人的期望。

换句话说，高级别管理者在工作中更加主动和积极，面对挑战的时候，也更愿意尝试去解决问题，有自我激励的倾向。低级别管理者面对挑战时有点被动，感觉是被要求做事情，所以会觉得受到了限制，认为标准答案的评判不在于自己，而在于其他人。有些时候，低级别管理者不太清楚挑战的目标是什么，因此可能会陷入各种压力和变化当中。

二、怎么向高级别管理者学习?

那么，我们该怎么学习高级别管理者面对挑战时的思维方式呢?

有三点可以借鉴。

第一点：重新思考工作的意义。

- 改变对工作任务的理解和看法。在面对挑战的时候，尽量去体会挑战的目的和意义，理解其和以往工作在目的和意义上的不同。
- 尽量想办法通过工作为他人、机构、社会带来积极的影响。
- 认识到这些努力都是为了促进机构的成功和社会的进步，并非只为了个人的利益。

第二点：考虑自己和他人的关系。

- 尽量去理解他人，站在更高的视角审视问题。
- 尽量去帮助和工作有关的人，不管是下属、上级还是客户，在自己的能力范围内能帮就帮。
- 尽量参与到与工作相关的活动中。

第三点：重新评估任务。

●让自己有时间、有精力聚焦于自己喜欢的工作。

●尽量用创新的方法去提高效率，然后简化烦琐的工作流程并减少重复性的工作。

●学会主动去完成一些额外的任务。自发地去完成一些自己职责范围以外的任务，即便完成这些任务并不能一下子就换来绩效的提升。

也许有些人会说，这些大道理谁不懂啊？不就是要主动打鸡血吗？事实上，这并不是简单的主动积极，而是重新思考在职场中自己和公司的关系。

如果自己和公司处于二元对立状态，认为没有必要为公司多做一分，那么面对工作和挑战的时候，自己第一时间想的便是退缩。在评估任务和自己的岗位职责的关系时，如果自己想的是“为什么把这个任务交给我，这不是我的岗位职责，为什么要我做”，那就很可能永远不能成为领导。

当然，也不能排除有些领导恶意给员工加任务，故意压榨员工的剩余劳动价值。对于无良老板，我们是鄙视的，但这不在今天的讨论范围内。

我们还是相信，职场上有相当多的领导都秉持着一种公平、公正的价值观。基于这样的想法，员工想要取得更大的进步，就有必要改变职场思维方式，像高级别管理者一样勇于面对挑战。

有研究显示，通过改变对工作的认知，赋予工作信念与价值，我们就会真正懂得“工作意味着什么”，从而获得精神上的满足与幸福感。

讨厌工作，
没有动力怎么办？

一、重新评估自我与工作的关系

德鲁克（Drucker）是全球著名的管理学家，他的管理理论、实践经验被全球广大管理者奉为“管理圣经”。他在自著的《卓有成效的管理者》这本书中指出，“优秀的管理者应该以优势为基础——不管是自身的优势，还是上级、同事及下属的优势”。

与这个观点相一致的是积极心理学的理念。积极心理学代表人物——心理学家塞利格曼（Seligman）认为，发挥个人的优势比弥补劣势更有意义，对个人情绪体验来说也更有价值。

我们不能否认创伤修复的重要性，但是也得承认开发潜能、发挥优势同样很重要。

一个人如果总是舔伤口，却不补充营养，又怎么能够让机体恢复健康呢？

在21世纪初期，心理学界的风向标由挖掘个人创伤、修复个人缺陷，转向发挥个人优势、让自己成为更优秀的人。

与此同时，心理学家马斯洛（Maslow）的需要层次理论再次被人重视。

人们已经把目光聚焦在如何成就个人、实现自我价值、感受工作带来的自尊和享受上。随着互联网时代的发展，自我主张进一步得到宣扬。

在管理上，很多人开始接受这样一个观点：成功就是当你醒来时，无论你身在何处、年龄多大，你都会很快从床上弹起，因为你迫不及待地想去做你爱做的、深信的、能施展自己才华的工作，这项工作比你个人更伟大、神圣。

可是，在现实生活中，又有多少人能够在醒来的时候，满怀激情和热情地迎接新的一天，迎接工作和生活，做好让自己的优势得到发挥，让自己的才华得到展示，让自己拥有积极情绪的准备了呢？

有相当一部分人，拖着疲倦的身躯起床，之后一边骂着老板，一边不情愿地踏上通勤之路。有些人在上班路上，遇到加塞、堵车时暴跳如雷，疯狂按喇叭，嘴里骂骂咧咧，“路怒”而不自知，无法控制情绪。

如果你有上面描述的情况，也许可以说明你的工作和生活都不如意。你已经无法感受到工作所带来的快乐，工作于你而言也就是一种谋生的手段，那么，是时候重新评估自我和工作的关系了。这可以让工作更好，让自己更好。

二、找到你的个人优势

如果想让自己更好，在环境不变的情况下，就只有让自己改变。因为我们知道，要想改变结果，就需要让主要的因素发生改变。

公式是这样的：

$$P=JA$$

其中：P代表绩效，J代表工作，A代表能力。

绩效是工作和能力的函数。当工作没有变化时，只有改变自己的能力，才能够改变绩效。

更早提出发挥优势理念的是管理学家库珀里德（Cooperrider）和斯里瓦斯特瓦（Srivastva）。他们提出欣赏式探询（appreciative inquiry，AI），强调管理者要通过发掘优势而不是分析劣势，来构建组织环境以及发挥个人能力。AI对整个管理体系提出了全新的挑战，要求管理者从关注消极转为关注积极，从惩罚劣势转为激励优势。

一些心理学家认为个人优势指的是特质，特质有四种：

- 直觉。指一种“情不自禁”的感觉，这种感觉总是在不知不觉中把自己引向成功的道路。直觉使人期待成功的出现，并助人经过努力实现成功。
- 成长。感受到自我的学习、知识的积累、经验的积累，以及对所从事的事情保持好奇、专注。
- 成功。感受到目标实现，虽然过程不一定一帆风顺，但是总能克服困难达到目标，并从中体验到快乐、发挥创造力。
- 需求。完成工作后不会感觉到疲倦，只感觉到满足与有成就感，有分享的愿望，有重新开始的需求。

心理学家塞利格曼和彼得森（Peterson）在2004年提出人类优势品德（character strength）的概念。在大量研究后，他们综合文化因素，发现有六大美德，即智慧、勇气、仁爱、正义、节制和精神卓越。这六大美德又可以细分为二十四种品德，它们是人类共有的优势品德。这二十四种品德分别是：

洞察力、好学、判断力与开放心态、好奇、创造性；勇敢、毅力、正直、热忱；爱心、仁慈、社交智慧；公民精神与责任心、公平、领导力；宽恕、谦虚、谨慎、自我控制；美感、感恩、希望与乐观、幽默、灵性与信仰。

三、发挥优势，让自己爱上工作

发挥优势有几点共通的规则和现象。如果工作中有人有以下体验，那么说明他已经在发挥优势。

第一点，感到充实，觉得自己的才干得到发挥，知道自己的个性特点和工作匹配。

第二点，感到自己在成长，能够把握工作中的机会，工作得更好，使薪酬增加或者职级晋升。无论是才干优势还是品格优势，如果发挥得当，都能给个人带来发展与成长的机会。

第三点，个人优势发挥的表现往往分为前中后三个阶段。做事之前，对工作充满期待；做事时，感受到投入和运用自我能力解决问题的快乐，认为自己是高效的、积极的；做事之后，有成就感和价值感。

那么，怎样才能发挥优势呢?

首先,我们需要对现有个人能力做一个梳理,即“能力盘点”。有些人毕业于985 / 211高校，有些人是海归，还有一些人虽然不是名校毕业，但是也有一技之长。可是，总有人把一手好牌打得稀烂。所以，要想发挥优势、有所成就，就要先进行能力盘点，知道自己有哪些方面的优势，然后通过自我激发，将工作完成得更漂亮，让人际关系的边界得到扩张，让职级得到提升。

没错，就是从自我开始，按照自己内心的需求，完全地、自主地重新思考自己的工作职责，以及自己的工作方式、工作关系。之后，结合自己的优势能力，重新投入到工作中，发现工作的意义。这样，你就能爱上工作，让工作完成得更好。

职场危机：你对工作有控制感吗？

一、面对职场中年危机，我们怎么办

张兵最近非常烦恼。

在外人看来，他是一个高学历、高收入、高地位的成功人士。高学历：博士研究生，在南方某知名大学工商管理专业硕博连读。高收入：在互联网公司上班，年薪百万，还有股份和分红。高地位：担任公司产品事业部总监。

张兵家庭也很幸福，结婚10年来夫妻和谐，除了偶尔有小摩擦外，并没有什么大的问题。结婚第3年儿子出生，给小家庭带来了许多快乐。妻子为了照顾孩子放弃工作，在家做全职妈妈。孩子2岁后，张兵会带着妻子和孩子出国旅游，每年至少一次。他们这些年去了不少欧美国家，计划过几年去南美洲和澳大利亚。当然，国内游也不少。张兵一旦有闲暇，就会来一次“说走就走的旅行”。

张兵的房子位于广州最核心的区域。他买房的时候，楼价为每平方米5万元，总价900万，当时首付款五成，余款分20年按揭付清。过了几年，张兵手头上有现金，便把贷款都还了，现在没有房贷压力。车子方面，公司给他配了一辆奔驰，平时只需要支付油费，保养维修都归公司后勤部门负责，完全不需要他操心。

在其他人看来，张兵属于典型的成功人士。可是，事业上的成功并不能让他开心。这个 37 岁的男人，总感受到压力。

在大都市生活，每个人都有压力。有些压力是人们能够觉知到、感受到且能够说出来的，有些压力是人们并不能感受到也说不出来的，还有些压力是人们能够感受到但不能说出来的。

能够感受到且能够说出来的压力是业务压力。公司发展很快，相应地，张兵的压力也很大。能够感受到但不能说出来的压力是公司总经理给的压力。说给谁听呢？没有人会喜欢听。

公司副总王总对张兵的岗位虎视眈眈，总想抢夺资源，用亲信替换掉他。不过，张兵的业务能力很强，暂时不能够被取代。但是，随着产品开发的理念不断更新，产品开发越来越难，而自己年纪越来越大，是不是还能跟上变化，张兵心里没有底。

怎么办？难道要这样慢慢耗到老吗？

在大都市职场里面，有一种现象被称为“35 岁现象”。男士到了 35 岁，即使担任管理岗位，也会面临各种压力。一方面是职业压力——他们希望能够进一步到达更高的位置；另一方面是家庭压力——他们上有老下有小，大部分有房贷需要还，担心自己失业还不起房贷导致破产。

一想到现状，张兵就感到焦虑不安。人在烦躁的时候，更不想做事情。张兵决定离开公司，去楼下的咖啡厅喝一杯咖啡。

咖啡厅人还挺多。

“难道这些人都不用上班吗？”张兵想。

点了一杯黑咖啡后，他找地方坐下。

“做完职业训练后，工作方面还真的顺利了很多。”邻座一个女生对她的朋友说。

“是吗，有什么改变？”

“和上司的关系改善了很多。这个还不是最重要的，最重要的是，我开始对工作感兴趣，觉得自己的控制感强了很多。”

“你就想控制别人。”

“不是控制别人，是控制工作。”

“哦，除了控制感以外，还有什么？”

“我觉得是视野吧。有时候自己埋头苦干，看不到大局，但在教练的指导下，我可以站在更高的视角看问题，特别是人、事、物之间的关系。看清楚了就知道工作应该怎么做了，相当于对工作进行重新塑造。”

“不好意思，打扰一下。”张兵竖着耳朵听了一会儿后，鼓起勇气向邻座女生打听。

“你好，有什么事情吗？”邻座女生诧异地看着他。

“也没有什么，刚才听你们说有一个职业教练，请问你有那个教练的联系方式吗？”

“哦，这样啊！你为什么要他的联系方式呢？”女生还是有一些疑虑。毕竟刚刚说话的内容都被邻座的人听到，让她感觉自己的隐私泄露了。

“对不起，我也不是有意要偷听你们说话的。只是觉得你们刚才说的那个教练可能对我有帮助。”张兵发现对方有防备的心理，于是赶紧说明自己想要教练联系方式的原因。

“哦！这样啊，请你稍等一下。我问一下那个教练，看能不能把联系方式推给你。”女生知道张兵需要帮助后，暂时没拒绝也没答应张兵的要求。

二、什么是工作控制感？

工作控制感是指一份工作能够在多大程度上赋予员工自主性，让员工感觉到工作在他们的掌控之中。心理学家想了解工作控制感、自我效能感和血压之间的关系，于是调查了 77 名全职保健专业人员和 214 名公司职员。该研究控制了人口统计学变量（年龄、性别等因素），发现自我效能感是一个调节变量，在工作控制感和血压之间起着调节作用。员工提高自我效能感、增强工作控制感，都可以减轻工作压力对心血管造成的负面影响。

当员工能够对自己的工作拥有高控制感时，说明他们在工作领域有相当的自由度来决定哪个工作先做，哪个工作后做；哪个工作需要重点安排时间精力去做，哪个工作不需要消耗太多时间去处理。员工可以完全自主决定做什么、怎么做，以及做到什么程度，标准和进度都由员工自己把握。

研究显示，当员工在工作中感受到高控制感时，他们往往能够从工作中感受到更多的乐趣，同时也能够感受到工作所带来的安全感和成就感。根据员工感受到的控制感的强弱，我们可以预测其身心健康。

工作满意度和工作绩效、控制感和工作压力有什么关系？

有研究者对 340 名企业员工进行调查，研究控制感、工作压力、工作绩效三者之间的关系。结果显示：控制感在工作压力与工作绩效之间起部分中介作用。工作压力可以直接影响工作绩效。同时，工作压力和工作绩效呈正相关关系，说明适当的压力有助于工作绩效的提高。

工作压力与工作绩效的相关分析

工作奉献		任务绩效	人际促进
工作压力	0.273	0.232	0.333

注：$*P<0.05$，$**P<0.01$，$***P<0.001$。以下同。

与上述结果相一致，工作压力越大，工作控制感也就越强。研究显示，组织人际关系的压力和控制感呈现正相关关系。

工作压力与控制感的相关分析

工作环境		工作角色	组织人际关系	工作回报	工作时间
控制感	0.050	0.021	0.173***	0.030	−0.087

员工所体验到的压力越大，其对控制感的能力要求就越高，以抵消压力产生的负面影响。如果员工不得已把一部分精力投入对工作压力的控制中去，那么其在工作上的投入就会相应减少，进而降低其工作绩效。

在另一个研究中，人们研究了控制感和心理健康、工作绩效，以及工作满意度的关系。控制感和心理健康相关，控制感越低则心理健康状况越差。低控制感的工作意味着员工并不清楚工作的进度状况，也并不清楚工作标准是什么，甚至不知道在工作中怎么寻求帮助，工作需要怎么交付，等等。这导致员工对工作产生疏离感，不喜欢工作，却也不能放弃工作（毕竟需要谋生），只能做一天和尚撞一天钟。

也许有人会说："干得不开心就走嘛！"事实上，离职并不是一个很容易做出的决定。离职时需要考虑很多因素。员工不愿意离开机构、单位、公司，貌似对组织有高度的忠诚，实则另有原因：如果离开组织，就会遭受经济上的损失，并且还有可能面临各种麻烦，比如找工作、应聘、搬家等。做出离职的决策很容易，但是适应新环境却很难。尤其是对于那些习惯了熟悉面孔的人来说，换一个环境就意味着重新认识陌生面孔，陌生的人际关系会让他们感受到非常大的压力。

对工作接受度、工作控制感和心理健康、工作满意度关系表格

预测变量	输出变量	
	心理疾病	工作满意度
接受度	–0.32**	0.02
工作控制感	–0.21**	0.35**

注：*P<0.05，**P<0.01，***P<0.001。

缺乏控制感，但为了钱留下来的人会不会努力工作呢？大部分人会选择“摸鱼”，尽量减少付出。

在另外一个研究中，心理学家在调查了254名员工后发现，员工如果超负荷工作，压力很大，面临工作和家庭的冲突，那么即使留在岗位上，也很少会为公司创造更多的业绩。他们仅仅是完成任务而已。

心理学家的研究进一步表明，员工如果将经济因素看得很重，那么即便已经失去了对工作的控制感，比如工作负荷或要求超出了他们的能力范围，他们也依然会为了挣钱而选择留在目前的单位里。缺乏控制感的员工在工作中也会缺乏积极性和自主性。他们仅仅是为了钱才继续留在目前的岗位上的，因此不大可能为企业做出额外的贡献。心理学家对挪威439名雇员——这些雇员一直从事相同的职业——跟踪调查11年后发现，低控制感的员工，特别是低控制感和高工作要求的员工，身心健康状况相对更差。

工作控制感还和离职有关。

如果员工对于工作有较高的控制感，那么离职的倾向降低；如果员工对于工作有较低的控制感，那么离职的倾向升高。工作控制感高的员工比控制感低的员工离职倾向要低。研究同时发现，金钱对于离职也有影响。金钱动力会影响离职倾向，对于工作控制感高的员工，金钱动力高的离职倾向比金钱动力低的离职倾向要高。而对于工作控制感低的员工，金钱动力高的离职倾向比金钱动力低的离职倾向要低，可能是工作控制感低的员工职场竞争力相对较弱，为了满足自身的生活需要，不得不接受低控制感的工作环境。

金钱动力与工作控制感的交互作用

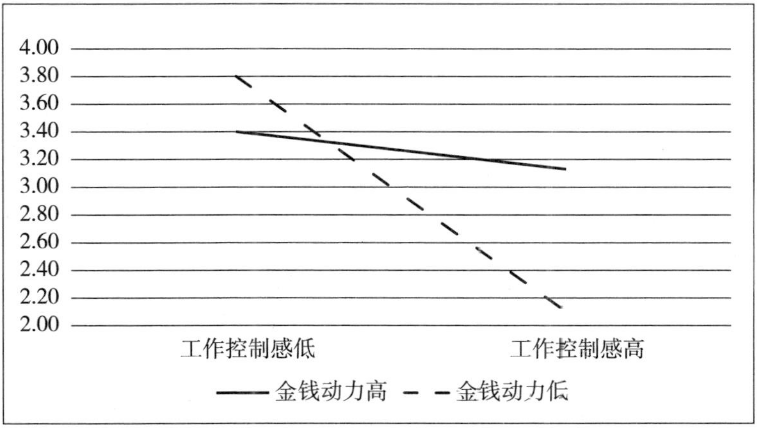

注：纵坐标为离职意向的分数

三、提高自我效能感

过了一会儿，邻桌的女生站起来，走到张兵的餐桌旁。

“这个是教练助手的联系方式，你可以打电话联系一下，然后助手会帮你安排和教练见面。”女生递了一张餐巾纸过来，上面写着一串电话号码，还有“助手伍老师”几个字。

“谢谢。”张兵回答。

他并没有马上打电话给教练助手。其实，他在犹豫是否要打电话。在咖啡厅又坐了一会儿，想了想自己这段时间的烦恼，张兵还是决定联系教练助手。嘈杂的咖啡厅不适合打电话，张兵走到外面拿起手机，拨通了教练助手的电话。

“你好，请问是企业教练的助手伍老师吗？”

“您好，我是。请问有什么可以帮到您？”对方是一位年轻女性，很有礼貌。

“哦，是这样的，我听说你们那边有企业教练可以帮助中高管人员进行职业训练，是吗？”张兵直接说出自己打电话咨询的真实目的。

在大都市快节奏的生活方式下，人们都会选择高效率的生活习惯，说话办事尽量直截了当。

“是的，我们这边提供企业中高管的训练和咨询服务，请问您是自费咨询还是公司安排过来的呢？”

“什么是公司安排过来的呢？”张兵对这个有点不太理解。

“哦，抱歉，给您解释一下。有一些公司的培训部门跟我们签约，安排公司的中高管定期过来训练，费用由公司支付。”

伍老师继续补充说：“先生，您贵姓呢？我们可以面对面谈一谈。”她已经知道张兵对教练服务不太了解，并且可能是自费咨询的。对于首次接受企业教练训练的学员，有必要将其邀请到公司面谈，以让学员详细了解这项服务。

“姓张，弓长张。我有兴趣过去看看。请问你们地址在哪里呢？”

“张先生您好，晚点我会发一条短信给您。如果 10 分钟后您还没有收到短信，请再次拨打电话给我。”

“好，谢谢。”张兵挂断了电话。

很快，张兵收到了一条短信。短信除了地址还写着：“张先生您好，请问您什么时候方便到公司来面谈？”张兵回复：“收到，明天下午 3:00 过去。”

第二天早上，他在办公室待了一会儿，心里想着下午要去见教练，根本没心思工作。他早早吃完午饭，独自游来荡去，避开同事们经常出没的地方，专门去那些符合自己心境的偏僻的地方。他到几条街外的一个咖啡厅买了一杯冰咖啡，坐在咖啡厅外的遮阳伞下。

一只小鸟吸引了他的注意。他坐着，远望着蓝色的天空，希望自己能够像鸟儿一样，有着自由飞翔的能力，可以飞到任何想去的地方。接着，他走到了一棵大榕树下，抬头认真看着树叶。绿色的树叶给了他一些安慰。他想，也许自己的职业生涯能够像这棵树一样，茁壮成长。

大约下午 2:30，他提前到了约定的地方。他总是如此，这次也不例外。他来到指定的大楼，搭电梯上去，来到高层写字楼 55 楼的一个房间。到达房间的门口后，他稍停片刻侧耳倾听，想听一听里面有什么声音。里面很安静，没有嘈杂的声音。玻璃门关闭着，门口写着：“请按门铃。”透过玻璃门，他看到前台坐着一位女士，也许她就是伍老师。张兵拿起手机，拨通了伍老师的电话。他看到前台的女士拿起电话。

“我到门口了，请您开门。”

“好的。请您稍等。”女人也听到了门口张兵的声音，抬头看过来。

张兵为什么要打电话，而不直接按门铃呢？

张兵认为打电话可以直接联系到伍老师。如果她不在，那么今天的见面可能就没有必要了。因为约了见面她又不在，说明这家公司不注重契约。如果她都不注重约定，那么自己也没有必要进去面谈，以免浪费时间。

“张先生您好，请您里面坐。”女士有礼貌地引导张兵到会客室。

那是一间小小的会谈房间，门缝贴着隔音胶，隔绝了外面的声音。磨砂质地的玻璃门既能够透光，又很巧妙地保护了客户的隐私。

“张先生您是第一次了解企业教练技术吧？要不要我先向您介绍一下呢？”

“嗯，我在网上也了解了一些信息，不过那些信息可能不完整，还是请你介绍一下。”

“好的，企业教练技术类似于咨询服务，但是又和咨询服务不一样。企业教练技术强调的是对学员的目标设定和过程进行指导。就好像健身需要健身教练一样，企业教练可以让学员明确自己的目标，分析自己的职业发展问题，然后有步骤、有计划地实现目标。企业教练最重要的价值在于帮助人们挖掘自身潜能和解决自我问题，让职业发展更加顺利。

“这个和心理咨询有什么区别呢？”

“张先生您这个问题非常好。心理咨询解决的是心理和情绪的问题，包括负面情绪问题、人际关系问题、家庭关系问题等。而企业教练着重互动，通过运用积极关注和倾听的技巧，帮助学员看到现在的问题并发现自己的潜能。教练会进一步通过反馈帮助，让学员的意识、态度和行为都能够发生积极的改变，最终弥补现实状态和理想状态的差距，逐步实现目标——自定义的、通过学习实践能够达到的目标。”

“说实话，我是为了增加工作控制感而来的，教练技术和工作控制感有什么关系吗？”

“有联系。学员如果在训练过程中掌握了改善工作效率的思维方式和方法，就可以提高自我效能感，也就是感觉到自己能够很好地处理工作、管理团队，从而增加工作控制感，还能够提高工作绩效。”

（一）企业教练及其作用

企业教练不只要指导学员做事情，还要引导和帮助学员学习知识。虽然在别处也能学到这些知识，但是如果没有教练的辅导的话，学员会学得慢一点，甚至可能会在学的过程中犯一些错误。比如说我们去健身房，没有教练指导也能健身，但是如果想快速看到健身的效果，那么聘请一位教练可能会让我们更快达到自己设定的目标。

我们可以认为教练能提供一种解决方案。该方案以结果为导向，注重目标实现过程中的沟通和干预。学员能够在教练的帮助下，提高工作绩效和自我修养，改善生活和工作体验。

好的教练可以激发学员的个人潜能，引导学员不断挖掘自身潜力，探索发展的可能性，让学员能够认识自我，发挥自我的优势，进而激发带领团队的力量，改进整个企业团队的管理思维和方法。

（二）什么是自我效能感？

自我效能感，是在20世纪由心理学家提出来的一个重要的管理概念。班杜拉（Bandura）将自我效能感定义为“个体对自身完成某一活动的能力的判断和信念”或“个体在面临某一任务时的胜任感，以及自信、自珍、自尊等方面的感受”。研究者发现，可以根据管理者的自我效能感预测其工作绩效。研究机构对国内企业的152名管理者（来自国企、民企、合资和外商独资企业）进行调查，发现自我效能感和工作绩效显著相关（见下表）。

自我效能感和工作绩效、任务绩效、周边绩效的相关分析

	工作绩效	任务绩效	周边绩效
自我效能感	0.45**	0.458**	0.376**

注：*P<0.05，**P<0.01，***P<0.001

自我效能感可以预测工作绩效的20.6%。自我效能感高的管理者更愿意展开管理革新设想，能更好地适应技术和组织变革，采取积极有效的措施解决员工之间的纠纷，更好地遵守国家有关法律，更有效地解决问题和执行上司的决策，获得更高的提升。

自我效能感高的管理者，不但对工作具有较高的满意度和卷入度，而且能实现较好的管理效果和较多的管理创新，同时表现出较低的职业紧张水平。陆昌勤、凌文辁等人在2006年则对管理者自我效能感影响效果进行研究，以下是其路径分析图。

管理者自我效能感影响效果的路径分析图

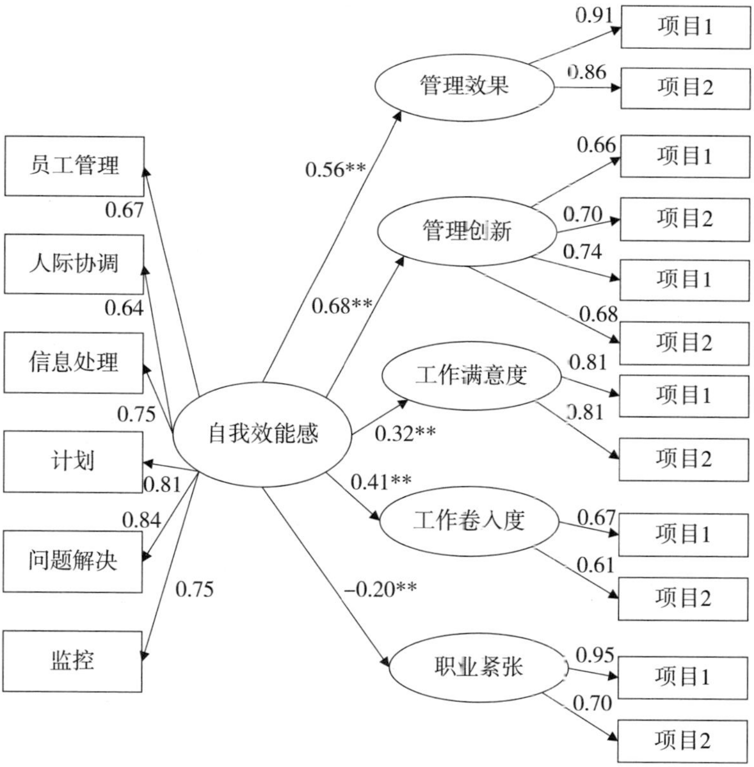

这一结论与麦克唐纳和斯格尔（McDonald & Siegall）的研究结论相似。麦克唐纳和斯格尔研究了205名技术人员的自我效能感和工作态度、行为以及绩效的关系，发现自我效能感与满意度、承诺、工作质量和数量都呈正相关关系，与缺勤和迟

到呈负相关关系。

（三）什么影响自我效能感?

心理学家班杜拉认为，个人的自我效能感主要感受到四个方面的影响。

1. 行为结果成功或者是失败。成功的经验可以帮助个人提高自我效能感，但是失败的经历会降低个人的自我效能感。

2. 他人的行为传递的间接经验信息也会影响到自我效能感。比如，同伴的成功能够促进个人自我效能感的提高，而同伴的失败也会降低个人的自我效能感。

3. 他人的评价和自我感觉到的信息。个人被他人认为能够胜任某项工作，同时个人又加倍努力，那么自我效能感就会相应提高。反之，个人被他人认为无法胜任或者不能做某项工作，同时个人真的放弃努力，那么自我效能感就会下降。

4. 身心状态也会影响自我效能感。稳定、健康、积极的情绪有助于提高自我效能感，紧张、焦虑、抑郁、烦躁的情绪会降低自我效能感。

总的来说，提高自我效能感，可以提高自身对工作的胜任度；增强自我控制感，有助于提高工作满意度。

第三部分

原生家庭与依恋关系

我们的不安，
都源于儿时的依恋关系

一、由反应模式说起

“反应模式”这个词有点抽象，我们来看一个故事。

这个故事大家可能都听说过。

两个很渴的人到了房间里，看到两个各装了半杯水的玻璃杯。一个人说，太好了，有水喝。另外一个人说，太可惜了，只有半杯水喝。

看到相同的水杯，相同的水量——都是半杯水，前者的反应是开心的，后者的反应是不开心的。

反应模式在心理和行为方面，起着非常重要的作用。由于反应模式看不见摸不着，在人的心里自动加工、自动形成，可以说反应模式就是一个人的内心黑盒子。在这个黑盒子里面，有个人对于人、事、物的判断。

我们再来看另外一个例子。

一个人离婚了，妻子带着孩子走了，公司倒了，他破产了。这时候，他万念俱灰，觉得任何事情都没有意义。百无聊赖的时候，他发现了自己藏在床底下的酒。那是一瓶好酒，大概是8年前藏的。他打开一闻，嗯，真香。

他想："人生失败了，没什么可怕的，大不了从头再来。谁又没有失败过呢！谁又一定会一帆风顺呢？先找工作，然后再找机会。"

这个人很失败，公司破产，妻离子散，身无分文。他虽然经历了消沉颓废，可是在遇到一点儿让他开心的事情后，他又鼓起勇气，开始新的人生探索。

面对各种刺激，个体的情绪反应模式会在无意识中被激活。我们的情绪模式，也是按照自动化反应的方式运作的，具有自主性。

研究发现，个体对于五种基本情绪的自主神经反应模式具有差异性和特异性。研究人员用影片片段来诱导被试产生快乐、愤怒、恐惧、悲伤和厌恶这五种基本情绪，并用"情绪报告表"采集被试产生的情绪及等级信息。在测量个体看到这些影片的反应时，研究人员用心率、心率变异性、血压、呼吸率、指温等指标来反映其自主神经的活动水平。

结果显示，悲伤、愤怒和恐惧都使收缩压升高，血压上升；厌恶、愤怒、恐惧和快乐以及中性信息刺激都使呼吸频率加快，心跳加快。

这个研究说明，人体对信息的反应不受个体控制，而是自动化做出的。情绪反应受到人体自主神经系统控制，而自主神经系统经过了长期的进化，已经能够自动识别危险。自动反应的基本作用是满足个体生存的需要，为不同的行动提供必需的代谢和能量。

心理学家指出，由于行动的需要，个体会进化出一种自动化的模式，这种模式对自主神经系统分泌激素提出了要求。例如，在面对危险的时候，战斗和逃跑反应都可能要求肌肉的血液供应增加，这时候，个体需要促进肾上腺素分泌。因此，我们可以预期，愤怒和恐惧——分别伴随上述两种行为出现——可能都以提高氧和血的可用性的自主神经活动为特征（如心率和搏出量增加）。

二、婴儿与母亲的依恋关系，决定婴儿内心的安全感

既然情绪的反应模式具有自主性，那么和情绪相关的依恋模式，是否也会自动反应呢？

我们来看一个早期的案例。

在《超越快乐原则》（*Beyond the Pleasure Principle*）这本书里面，弗洛伊德记录了一个婴儿是怎么发展出和母亲分离的反应模式的。他通过观察自己一岁半的小孙子［很多心理学家都是在观察自己子女的时候发展出心理学理论的，比如，皮亚杰（Piaget）通过观察自己孩子的成长发展出新的理论］，发现当母亲把孩子单独留在房子里的时候，孩子是不会哭的。他会自己玩身边的小玩具，扔出去，然后又找回来［这属于成长发展阶段的自主探索期，埃里克森（Erikson）的人格发展阶段论里面有详细的介绍］。

有一天，母亲不在，婴儿就玩一个系在绳子上的木轴。他将木轴扔到有帘子的婴儿床里面去，然后又拉回来，反反复复，乐此不疲，嘴里还高兴地发出“嗒嗒嗒”的声音。

弗洛伊德注意到，婴儿在和木轴的互动中，看到木轴从消失到出现的过程，认为自己掌控了游戏并从中得到了满足（现

在看来，这符合皮亚杰所说的恒常性原理，具体可以查阅皮亚杰的理论）。

由此，弗洛伊德得出了一个重要的结论。他认为这个消失又找回的游戏可以和母亲的缺失联系在一起。这样的游戏帮助婴儿控制了由于母亲不在而导致的分离焦虑，让他获得了母亲随时都在身边的那种满足感。

从弗洛伊德的案例记录中，我们能够看到，这是一个安全型依恋的孩子。在母亲设置的环境中，孩子感觉到安全。即使母亲暂时离开，孩子也不会焦虑、哭泣。孩子在和母亲互动的过程中形成了一种反应模式。

婴儿对母亲的依恋基于婴儿与母亲最初的共生关系（一种互相都有需要的关系，即母亲需要婴儿，婴儿需要母亲）。这是一种完全统一的状态。双方在分离时才能体验到依恋，依恋支持婴儿与母亲分离，走向独立。

婴儿与母亲分离时的反应模式，体现了自己对母亲的依恋是安全的还是不安全的。大数据调查显示，婴儿有三种依恋类型，50% 的婴儿属于安全型依恋，而另外有 25% 的婴儿属于焦虑矛盾型依恋，25% 的婴儿属于回避型依恋。而 25% 的回避型依恋的婴儿在长大后会分化为回避型依恋和害怕型依恋两类。因此，成人的依恋类型有四种。

三、找到自己的情感反应模式

依恋，作为人与人之间的情感纽带，连接着亲密关系中双方的情感。个人最早期的情感反应模式来自和母亲的依恋模式。婴幼儿依恋的内部工作模式的发展是和依恋的类型紧密相关的。

客体关系理论的倡导者认为，安全型依恋的婴幼儿对自己母亲的行为和反应的心理表征产生的评价是积极的，能够和母亲建立安全的情感连接，会以母亲为安全岛向外探索，并在心里形成一个好妈妈的意象。而不安全型依恋的婴幼儿则对母亲的行为和反应的心理表征有负面的评价或不评价，不相信母亲，进而形成母亲不可信任的意象。

更重要的是，这些依恋的内部工作模式会泛化到他们以后的工作和生活中去，或者成为他们评判自我价值和他人价值的标准。因此，依恋关系的内部工作模式的心理表征和婴幼儿个体对母亲意象的内化质量密切相关。

如果你心里有一个好妈妈，那么你的情感反应模式是安全型的。相信你已经开始享受爱情，或者相信爱情。但是，如果你心里有一个坏妈妈，那么你的情感反应模式很可能是不安全型的。至于是哪种不安全型，这需要我们进一步去确认。而你很可能被爱情伤得很深，想追求爱情却无力去描绘美好的蓝图。

好消息是，人们可以通过学习将不安全型依恋转化为安全型依恋。只要愿意去学习，我们就能建立起安全情感连接。

安全型婴儿的养成：关于婴幼儿依恋

你如果早上去幼儿园，站在门口看着那些孩子，就会发现有一些孩子哭得非常惨，大喊大叫，眼泪鼻涕一大把；有一些孩子不吵不闹，甩开妈妈的手，头也不回地走到老师那里去；还有一些孩子会和妈妈抱抱，然后愉快地说再见，并要求妈妈早点来接。

为什么会有三种不同类型的孩子呢？这些孩子长大后，他们的情感关系都有什么特征呢？

我们知道，前两种类型的孩子的依恋类型属于不安全型依恋：第一种是焦虑型依恋，第二种是回避型依恋。第三种类型的孩子则属于安全型依恋。

今天我们从客体关系的视角来分析安全型婴儿的养成。

在上一篇文章中，我们介绍了弗洛伊德的一个观察案例，在案例中，他得到了非常重要的结论。

在和妈妈分离的过程中，婴儿的心理都发生了什么变化，以及这些变化对婴儿的成长有什么影响？

由于婴儿不会说话，心理学家只能通过观察婴儿的行为来推测婴儿的心路历程。

一、莱纳斯的毯子综合征

为了解释婴儿的行为，我们可以举一些例子，比如，一些婴儿会对妈妈的衣服、毛巾、头饰感兴趣。大家还记得《花生漫画》（*Peanuts*）中的莱纳斯吗？

这个可爱的孩子身边总是有一个毛毯。如果谁把他的毛毯拿走，他就会很焦虑，甚至不能呼吸，直到有人把毛毯塞回给他。露西经常搞恶作剧，偷偷拿走莱纳斯的毛毯。

那么莱纳斯的毛毯，透露出婴儿的什么心理特征呢？

20 世纪中期，英国精神分析学家温尼科特（Winnicott）提出了“过渡性客体”（transitional object）的概念。他在观察很多情绪不良的孩子的案例时发现，许多孩子对身边的物品有顽固的依赖。

他提出，这种主体对客体的依赖，很可能是主体在转换对妈妈的依恋——把对母亲的依恋转移、过渡到这些物体上面。这些毛毯、衣服等被婴儿视为“过渡性客体”。这种具有普遍性的现象被称为“过渡性现象”（transitional phenomena），用来描述婴幼儿对毛毯、毛绒动物玩具、衣服等强烈的、一致性的依恋。

二、过渡性客体

温尼科特在他的论文里面详细地解释了“过渡性客体”这个概念。

在婴幼儿的认知发展过程中，他们有一个真实的客体母亲。同时，婴幼儿需要在心里发展出一个主观上的客体母亲——虚拟的母亲。这也可以用时髦的互联网映射概念来解释。

婴幼儿需要把母亲的特征映射到自己的大脑存储器里面，这些特征包括声音、相貌、气味、性格等。因为母亲并非长期待在婴幼儿身边，所以他们需要在虚拟的母亲和真实的客体母亲中间构造出一个过渡性客体。

温尼科特认为，过渡性客体是介于主观上的客体（心里的母亲）和真实的客体（活生生的母亲）之间的一个中间性的经验领域。它不是一个内在的或主观的客体，也不仅仅是一个外在客体，而是第一个“非我”拥有物。

过渡性客体具有这样一些特点：

第一，此客体被认为是可以搂抱的，并且可以被用来爱和破坏。

男生喜欢机车、积木，会通过拆卸玩具、组装积木、敲打玩具把注意力转移到客体上。女生喜欢洋娃娃、小动物玩具，会通过抱抱、抚摸等动作转移自己的注意力。

第二，此客体必须是从不变化的，即使变化也是婴幼儿使其变化。

婴幼儿的认知加工能力有限，他们和客体的关系一旦建立起来，就比较稳固。因此，建议大家在给孩子提供客体的时候，尽量减少变化。玩具可以精致一些，耐敲打一些，但是不要有太多变化，否则婴幼儿不能完成自己的过渡性客体依恋。

第三，只有孩子体验到母亲足够好的照顾，过渡性客体依恋才能发展。

过渡性现象建立在婴幼儿出生之后被照顾得好的前提下。埃里克森的人格发展阶段论提到，个体需要完成生命的重要任务。据此，0—1.5 岁的婴幼儿需要建立起和母亲的安全依恋。

这种依恋可以让婴幼儿把对母亲的依恋过渡到其他客体上。

第四，对于健康的孩子来说，过渡性客体依恋是非常普遍的。

我们一直强调身和心的关系，因为身体健康和心理健康互为因果，互相影响。一个孩子非常健康，很可能是因为获得了母亲无微不至的照顾。如果母亲能够灵敏地捕捉到孩子的需要，并及时给予帮助，那么孩子情绪也会稳定。相反，若母亲照顾不好孩子，孩子的温饱都得不到满足，那么孩子的身体不健康，心理情绪也会很差，智力发展也会相对缓慢。

第五，有时面对压力，过渡性客体比母亲显得更重要。

婴幼儿不可能 24 小时都和母亲在一起。母亲肯定会有短暂离开的时候；或者在半夜，孩子醒来时，母亲还在睡觉。婴幼儿需要独自面对环境带来的压力（有些压力在成人看来是微不足道的，但是在婴幼儿的世界里可能很严重，是无法承受的。比如，口渴却无法靠自己喝到水）。当面对压力的时候，婴幼儿可以通过和过渡性客体互动来缓解压力。比如，有一些孩子刚刚上幼儿园的时候会哭，但是他们会告诉自己，就算自己哭也没关系，到了幼儿园，可以找小朋友玩，玩一会儿就好了。

按照以上五个特点，我们能够很清楚地看到，母亲对婴幼儿的敏感性和过渡性客体依恋的养成有非常重要的影响。

三、过渡性客体的重要性

在上一篇文章中，我们提到了母婴的共生关系。

也许有些人会质疑：母亲需要婴儿吗？母亲已经是成年人，有行动自由，能独立完成很多事情，怎么还需要婴儿呢？

事实上，母亲是需要婴儿的。

第一，母亲体内有丰富的激素，包括催产素等。母亲在哺乳、照顾婴儿的时候，体内会产生 5- 羟色胺，这会给其带来愉悦感。

第二，婴儿是母亲基因的延续，几亿年的进化决定了母亲会本能地保护自己的基因。

第三，婴儿满足了母亲的其他需要，包括社会角色认同、道德约束等。

在这种共生关系中，婴幼儿把对母亲的依恋逐渐转移到客体上，从完全依恋母亲，逐渐过渡到依恋其他客体，比如毯子、玩具。同理，母亲的依恋对象也从婴幼儿逐渐变成其他客体，比如家务、工作、娱乐、购物等。

这种分离是渐进的、悄然发生的，而不是一两天内完成的，有点润物细无声的感觉。当然，双方都能从中受益。母亲能够更自由地处理其他事情，而婴幼儿能够从完全依恋母亲过渡到依恋其他客体，逐渐扩大自己的生活范围。这将有助于婴幼儿独立，帮助他们自主地探索世界。这印证了上一篇文章中弗洛伊德观察到的案例。

四、过渡性客体让婴幼儿走向独立

婴幼儿渐渐发展出自己独有的过渡性客体依恋，大多数男生喜欢机车、积木，大多数女生喜欢布娃娃。当婴幼儿能够从这些玩具中享受到快乐时，也就意味着他们把这些客体都内化为真实的、能够让自我获取满足的客体。至此，婴幼儿和这些物体的过渡性客体依恋形成。

大家还记得“此客体必须是从不变化的”吗？

如果外部客体缺失，婴儿的内化客体就失去了意义，那么过渡性客体也失去了存在的意义，此时母婴依恋就会出现问题。所以提示大家，不要随意更换婴幼儿的玩具、用具。否则，婴幼儿就不能建立稳定的客体依恋，这必然导致婴幼儿需要重新建立过渡性客体。

这也能解释为什么有些孩子很固执地只用自己的碗吃饭，有些孩子一定要用固定的枕头，有些孩子一定要在自己的婴儿椅上吃饭，等等。

妈妈无处不在，即使在梦里。换句话说，婴幼儿让所有的客体都变成了妈妈——一种客体化的妈妈。

安全型依恋婴儿一经养成，就会在内心建立起一种内部工作模式，这种模式会一直存在。当婴儿长大成人后，这种内部工作模式会体现在亲密关系里面。

如何向安全型依恋转化？

一、依恋类型以及依恋的发生

成人的依恋分为四种类型：安全型、焦虑型、回避型、害怕型。

说起依恋类型，一定要提起英国心理学家鲍尔比（Bowlby）。他观察了 1 岁左右的儿童在和母亲（依恋对象）分离后的情绪和行为反应，发现很多婴幼儿会表现出焦虑、哭泣、愤怒和失望。他在进行大量的观察后提出了依恋理论。

鲍尔比认为，婴幼儿对母亲的依恋系统符合进化的需要。婴幼儿的依恋行为并不需要学习，而是天生的。人类直立行走后，女性的骨盆发生变化。由于盆骨的约束，婴幼儿头部不能太大，否则很难生出来。刚刚出生的婴幼儿还不具备独立进食的能力，需要有人照顾，并且需要照顾的时间相当长。在这个过程中，婴幼儿和母亲建立起依恋关系，这种关系并非单向需要，而是互相需要——婴幼儿需要母亲，母亲也需要婴幼儿。

在婴幼儿和母亲的互动过程中，当婴幼儿没有感受到威胁信号，又或者母亲能够提供及时的、准确的照顾时，婴幼儿就会感到安全。有研究显示，提高母亲对婴幼儿照顾的敏感性，可以改善婴幼儿的依恋关系。

在安全的环境下，婴幼儿能够将母亲作为安全基地，开始向外探索世界。根据埃里克森的人格发展阶段论，婴幼儿能够在 0—1.5 岁和母亲建立安全型依恋关系，在 1.5 岁后开始自主探索周围环境，在 3 岁后主动解决问题。有研究显示，学龄期成绩和幼儿在 1.5—3 岁期间形成的自主能力有关系。

依恋类型不仅提供了向外探索的动力，也为婴幼儿提供了安全岛。婴幼儿在探索世界的过程中检测到威胁信号时，能够返回母亲身边，寻求保护和安抚。

之前的文章中介绍了尼尔森和潘克塞普的综合社会情感系统神经生物学理论。根据该理论，当婴幼儿遇到威胁时，他们的第一个子系统会被激活，于是婴幼儿会感到压力和不安。为了应对这种痛苦的感觉，依恋系统会自动激活。婴幼儿会亲近母亲，寻求保护和安全感，激活第二个子系统。第二个子系统压抑第一个子系统，才能够让婴幼儿感受到安全。

二、依恋理论的三个概念

在和母亲互动的过程中，婴幼儿逐渐形成了独有的依恋类型，也学会了怎么和母亲相处，并形成情感交流的工作模式。鲍尔比称这种内心的情感工作模式为“内部工作模式”（internal working model，IWM）。请大家记住这个概念，在依恋研究中，这个概念会反复出现。

另外还有两个概念：安全基地（secure base）、依恋行为（attachment behavior）。安全基地、依恋行为、内部工作模式组成了鲍尔比依恋理论的核心概念。

安全基地、依恋行为，描述了婴幼儿所处的生活环境、与母亲的互动行为；而内部工作模式属于心理工作机制，看不见摸不着。人们即使有意识地去探索内心世界，也不一定能够觉察到这种心理机制。

但依恋的内部工作模式会持续地、稳定地影响婴幼儿对依恋关系的看法。这种看法一旦形成，就很难变化，并会发展成固定的模式。这也是为什么婴幼儿时期和母亲的依恋关系会影响我们成年后和伴侣的亲密关系。

三、不安全型依恋和安全型依恋之间的转化

也许有人会问："既然都固定了，那么还有机会转变吗？"

回答是肯定的。

又问："有什么转变可能呢？"

"一种是从不安全型依恋向安全型依恋转化，这种属于良性转化、积极转化；另外一种是从安全型依恋向不安全型依恋转化，这种属于恶性转化、消极转化。"

安全型依恋转化成不安全型依恋比较容易发生，这也是大家不愿意看到的现象，但这的确很常见。比如一次情感背叛、一段痛苦的情感经历、一场失败的婚姻，都有可能让安全型依恋转为不安全型依恋。在我的来访者中，相当多的女生原来是安全型依恋，但在经历了一段令她们痛苦的感情后，转成了不安全型依恋。

相反，不安全型依恋转化为安全型依恋就很难发生。

长久以来，心理学界对于如何改变依恋风格一直没有达成

共识，并且大家都为这个问题所困扰。许多心理学家做出尝试，但效果不稳定、不明显。

在 2010 年，心理学家贝克斯等人提出，不安全型依恋转化为安全型依恋的一种可能方式是：伴侣提供安全信息。

他们认为，安全型依恋的概念中有两个概念关乎环境和现象。其中一个概念是“安全基地”，它提供了个人探索和回归的动力。个人在感受到不安全时激活依恋系统，内心需要从依恋对象那里得到安全感。在他们的研究中，实验室里的人们每当面临威胁时都能够看到微笑面孔。结果发现，经过多次练习以后，被试的依恋类型可以从不安全型转为安全型。

李同归等人的研究显示，来自他人的积极应答会让亲密关系中的爱人获得更多的自信、自尊、喜悦感、归属感等，并用这些积极的体验消解消极情绪。

钟歆的研究显示，当人们处在消极情绪当中时，如果环境中有人展现微笑，那么其消极情绪会减少。

实验组、控制组消极情绪得分前后测比较

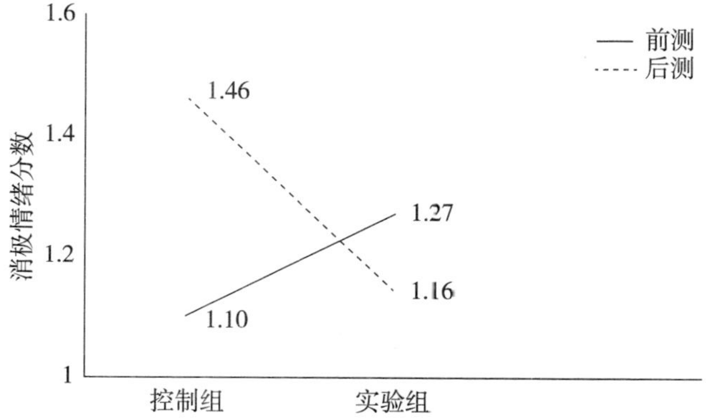

四、改变，从自身开始

经常有人抱怨：

“我家的那位脾气很差，经常发火。”

“总是要求这要求那，很烦。”

“看他 / 她不顺眼。”

“感觉关系越来越差了。”

“两夫妻这日子怎么越来越没意思了，要不是有孩子，早就离婚了。”

……

抱怨很容易，但你有没有想过，在对方遇到烦心事的时候，给他 / 她一个善意的、应答式的微笑？这个策略非常符合当代积极心理学的理念。

也许一个善意的微笑，就能够让伴侣从负面情绪里面走出来，感受到你的支持和温暖。慢慢地，伴侣觉得家里有安全感，变得更愿意回家了。

改变，从自身开始。

认生的人：为什么有些人抗拒社交？

一、与人交往有那么可怕吗？

你有没有发现身边有一些朋友，邀请他们参加聚会，他们总是拒绝，要么说需要看书，要么说需要加班，要么说需要回家。总之，他们有各种理由不参加聚会。好不容易请他们出去聚会一次吧，结果，到聚会的地方，大家都玩得很开心，只有这类人默默在那里刷手机，或者跑出去抽烟、打电话、玩游戏，让人感觉他们很不合群。如果你劝他们一起来唱个歌、喝个酒，他们会非常抗拒，多说几句，有些人还可能和你翻脸。

事实上，他们很善良，为人也很好，但就是不愿意参与社交聚会。你有没有这样的朋友呢？或者，你自己是不是就是这样子的呢？如果有人符合以上情况，那么这个人很可能是回避型依恋者，这属于不安全型依恋。

这种人常见的特点是：

第一，话少。

第二，表情少。

第三，动作少。

二、不安全型依恋各类型之间的互相吸引

但是，这种人很容易被另外几种不安全型依恋的人——比如焦虑型依恋的人——所吸引。焦虑型依恋的人，一旦发现身边有这种喜欢回避的朋友，就想第一时间靠近。这就好像人们如果知道在野外有一只可怜的小动物，就总想去看看这只小动物为什么这么可怜！于是，他们就会去看，看着看着，产生了心跳的感觉，就喜欢上了，以为这就是爱情。

但是，我必须慎重地提醒那些有好奇心、想上去看个究竟的人：喜欢上回避型依恋者的你，可能需要做好思想准备。因为他在亲密关系里面会选择回避，不愿意和你交流心事，也不愿意和你黏在一起，甚至为了回避和你在一起，他会故意贬低你（其实他是好人）。

那么，为什么会这样呢？

很可能是因为回避型依恋的人在社交场合很难有愉悦的体验。这可能和他们对人的认识有关。在他们看来，自己和他人是不一样的，因此他们不太愿意参与到其他人组织的活动中去。

2012 年的心理学实证研究显示，在回避维度上得分越高的人对社会性的正性情绪刺激的愉快度评价越低。而另有研究表明，在社交场合中，采用回避策略的人更加缺乏积极体验，并且更倾向于认为日常社交是无趣和乏味的。

三、让他们一个人待着，可能是最好的选择

为了搞清楚回避型依恋的人的大脑和其他类型的人的有什么区别，心理学家采用 fMRI（functional magnetic resonance imaging，功能性磁共振成像）来分析大脑的差异。

研究者用 fMRI 记录下依恋关系中的高回避者的大脑对不同情绪面孔的自发反应（此处指利用磁振造影来测量神经元活动所引发的血液动力之改变）。研究发现，回避型依恋的人在遇到不同情绪的时候，其初级躯体感觉皮质对负性情绪（愤怒、悲伤、恐惧等）面孔的自发反应减弱（后面会进一步解释为什么减弱）。这说明在人际互动中，回避型依恋的人对他人的负性情绪反应弱一些。初级躯体感觉皮质被认为是参与情绪模仿过程的重要脑区，而情绪模仿与增进社会关系是相联系的。高回避者的这种抑制性的应对风格不利于他们在社会关系中产生积极体验。

为了更清楚地了解为什么回避型依恋的人会对负性情绪反应弱，一组心理学家采用另外一种技术 ERP（event-related potential，事件相关电位，这是一种特殊的脑诱发电位，通过有意地赋予刺激以特殊的心理意义，利用多个或多样的刺激所引起的脑电位）来分析回避型依恋的人在情绪反应上的特点。

他们给被试呈现中性和愤怒的情绪面孔，记录情绪面孔所引起的 ERP 早期成分 C_1（一种电位信号）和 P_1（另一种电位信号），接着比较不同依恋类型的人的情绪面孔 ERP 效应。

结果发现，在回避值高的人身上，中性面孔（非威胁性信息）和愤怒面孔（威胁性信息）诱发的 C_1 和 P_1 波幅有着显著差别。而回避值低的人，在看到中性面孔和愤怒面孔时，C_1 和 P_1 的波

幅没有显著区别。

这样的结果表明，也许高回避者只有在早期的知觉过程中才具有区分威胁性和非威胁性刺激的能力。面对威胁信息时，个体一般采取战斗或者逃跑的策略。

我们知道，依恋类型和成长环境有关。在家庭里面，孩子在面对比自己高大强壮的抚养者时，战斗和逃跑的可能性都不大。因此，回避型依恋的人采取了抑制的方式，选择对负面情绪进行抑制，并建立起一种内部工作模式。

这种脑机制也再次证明了我们前面讲的“三少”——话少、表情少、动作少。

因此，从脑科学视角来看待回避型的人，你就会明白：他们只是不合群，而不是讨厌你，脑机制决定了他们采取抑制情绪的方式。由于在人际交往中抑制情绪，他们很少感受到互动的快乐。

既然人际互动不能让他们产生快乐，甚至有可能让他们产生更多的负面情绪，那么，他们为什么要参加聚会呢？让他们一个人待着，可能是最好的选择。

明明是表示关心，
怎么却让人更生气了呢？

一、安全感和情绪识别有什么关系？

有一次，我在给心理咨询师讲授情绪识别的课程。我提供了一些情绪素材，其中涉及六种基本的情绪——快乐、愤怒、悲伤、厌恶、恐惧、惊讶，并让学员识别这些情绪。

有一个学员 A 只能识别快乐情绪，而对于其他情绪，A 都识别为厌恶。看到她的识别结果后，我估计她和丈夫的关系不好。课后，我单独找她聊，她说自己非常讨厌丈夫。

我问："为什么讨厌自己的丈夫呢？"

"他是一个衰人（粤语，衰人等同于坏人、恶人、令人讨厌的人）。"

"怎么个'衰'法呢？"我想进一步了解她对丈夫的评价。

"平时他都不看我，只会玩游戏。"

"每天都玩游戏吗？"

"是的，每天都玩，玩一些 VR（虚拟现实）游戏。"

"哦，什么题材的 VR 游戏呢？"我以为是射击类、跑跳类的游戏。

“他玩那些咸湿（粤语，意为色情、流氓）的游戏。还当着我的面玩哦！你说是不是很过分呢？”

“你可以跟他谈啊，叫他不要玩嘛！”我觉得丈夫当着妻子的面玩一些色情游戏，于情于理都不合适。

“说过，他一脸鄙视地说：‘玩咸湿游戏都比跟你在一起开心啦！’我快被他气死了。”

“他经常鄙视你吗？”我问。

“是的，结婚这么多年，他从没有给过我好脸色。有一次我发烧躺在床上，他拿着热粥过来，说：‘起来喝粥，早叫你吃药了，你如果早点吃药也不会发烧躺下。’他说完，我反而不想喝了。他总是一副不耐烦还很嫌弃的样子。”

我又问了这个学员几个问题，得知她总是认为丈夫嫌弃她、讨厌她、看扁她，两个人沟通时，谈不了几句就会吵起来。然后我又测试了她的依恋类型。她属于害怕型，焦虑和回避的得分都非常高。

后来，我又找了一些不安全型依恋的学员，测试他们的情绪，发现不安全型依恋和情绪识别有一定的关系。

二、不安全型依恋的人的情绪加工有什么特点？

我们来看一个实验。这个实验反映了不同依恋类型的人在识别情绪变化过程中反应的快慢程度。

不同依恋类型的人对来自外界的情绪性信息有着不同的加工方式。科学家在 21 世纪初开始关注依恋类型和情绪识别之间的关系。为了研究不同依恋风格如何影响个体对情绪面孔的知觉，研究者使用了人脸渐变任务（face-morph task，展示情绪变化）。例如从悲伤的情绪变化到中性情绪，然后变化到快乐的情绪，测试个体对情绪面孔的警觉性以及对情绪面孔变化的敏感性。

为了激活个体的安全感，在实验的时候，研究者需要让个体产生痛苦体验。研究依恋的鼻祖安斯沃思（Ainsworth）认为，只有当我们陷入困境中，依恋系统才会得到激活，并促使个体去寻找安全可信的人来给予自己支持。

假想这样的情境：当你经历考试失败、绩效差、身体不舒服、准备打吊针住院的时候，你是不是想要寻求帮助和支持？你想到了谁？试着给她 / 他发一条消息、打一通电话吧！她 / 他正是你的依恋对象。如果她 / 他在你身边，请给她 / 他一个拥抱。

好的，我们继续来看实验。

研究者通过让被试看情绪变化的图片来测试其焦虑值和识别变化的反应时长。研究发现，那些在焦虑维度上得分高的人倾向于对最初情绪的消失做出更快的判断（实验先呈现一种情绪，然后这一种情绪逐渐变为中性情绪）。

这个结果说明什么呢？说明焦虑值越高的人，对情绪的变化越敏感。因此，在情绪变化的时候，他们能更快发现。

也许有人会问：当人脸由中性情绪变化为快乐的情绪时，被试的焦虑值越高识别也越快吗？实验人员把最初的中性表情变为高兴、悲伤或愤怒的表情，结果还是一样。焦虑值越高的人，能够越快发现中性情绪变化。这说明焦虑值和情绪敏感呈正相关关系，高焦虑者对情绪线索的变化更为敏感。

更敏感是不是更好呢？不一定。虽然高焦虑者更容易发现情绪的细微变化，但有研究发现他们对情绪变化的判断更容易出错。这使得他们在亲密关系中更频繁地与伴侣发生冲突，感受到更多的负性情感，并且更容易受分手、分居、离婚的影响。有些焦虑得分较高的女孩子，在分手后可以哭上一个月，每天晚上都是哭着睡着的。

三、用沟通减少误会

从这些研究中可以得出，焦虑型依恋的人要注意自己的情绪管理。

如果你属于焦虑型，那你的确会很快发现情绪变化，但是请注意，你可能会错误地识别情绪。那些安全型依恋的人也要注意，在亲密关系中，对方越在乎你，你越要照顾对方的情绪。因为，你的一点点情绪变化都会被对方识别，哪怕你没说出来，对方也是能够看到的。一旦情绪变化被对方看到，就很可能引起对方错误的解读。因此，你们需要多沟通、多交流，哪怕烦琐一些，也要不厌其烦，这样可以减少误会的发生。

当然，沟通也要讲究一定的技巧。

比如学员 A 的案例。妻子发烧躺在床上，丈夫端着热粥给妻子喝时明明是在表示关心，但语气却传达出了不耐烦，这样的“刀子嘴”让妻子瞬间不想喝粥了。我们可以看到，虽然丈夫嘴上不耐烦，但是他的行动却是到位的。把粥端给妻子的前提肯定是他做了粥。虽然他嘴上埋怨妻子是因为没有早点吃药才变成这样，但是给妻子做粥并端给妻子喝，可以看出丈夫的关心是真切的，自己在用实际行动对妻子好。而妻子因为丈夫的一句话就赌气不喝粥，没有心平气和地跟丈夫进行沟通，让丈夫改变沟通方式。于是，丈夫可能会觉得自己“好心当成驴肝肺”。妻子又会觉得“我都发烧了你还不好好说话，就会惹我生气”，最终导致夫妻关系变差。

正确的沟通方法应该是这样。

妻子可以说：“老公你真好。之前是我不对，我没有听你的劝，让自己的身体受罪，也让你受累。但是，你可不可以也考虑一下我的状态？我现在已经很痛苦了，如果你说话更温柔一点，是不是更好呢？”

两个人在尽量肯定对方的同时，也都各自退后一步。我相信，如果妻子这样说话，丈夫应该不会继续以不耐烦的态度表示关心吧。我猜，丈夫会这样回答：“对不起亲爱的，我以后会注意说话方式，你先把粥喝了吧。”

第四部分

每个人都能成为了不起的我

我的情绪怎么了：怎样构建自己的合理情绪？

一、你为什么那么容易生气？

国庆长假期间，很多人出去旅游。疫情把大家憋坏了，很多人放飞自我，开着私家车出去玩。放假期间，我也没有开放咨询预约，就待在家里看书、休息。小区里面的很多住户也出去旅游了，这使小区安静了很多。

我的工作手机安静了很多，几天都没有消息进入。

10 月 3 号上午，手机铃声响起来："铃铃铃"！我拿起手机，上面显示"阿鹏"。

我接通电话："喂，阿鹏，早啊！"

"吴老师，我想约咨询，您今天有安排吗？"

"今天吗？"

"是的！"听得出来，阿鹏有点着急。

"这样啊，你来吧！上午 11:00 在我工作室见。"本来我是不打算接的，但是阿鹏的情况好像比较急迫。

"好的，谢谢老师，11:00 见。"阿鹏的情绪略微缓和了一些。

人都是这样的，在需要帮助的时候，如果能够获得他人的支持，那么情绪会舒缓一些。

我整理了一下正在看的书，将其放回书架，然后去卧室换衣服，准备出门。

“怎么，今天有工作吗？”妻子问。

“嗯，有一个来访。”

“不是说国庆期间不接个案吗？”妻子有点疑惑。

“嗯，本来是不接的，但这个人好像有点着急，我去看看。”我换好衣服，拿了车钥匙开车出门。

开车到工作室大约需要 30 分钟。国庆期间路上的车辆少了，比较畅通。“阿鹏这么着急吗？”我一边开车，一边回想阿鹏的情况。

他 30 多岁，未婚，在某跨国公司广州分公司担任行政总监。在外人看来，阿鹏工作好、收入高、学历高、人长得帅，非常令人羡慕。可是，阿鹏虽然外表阳光有活力，但内心纠结，经常失眠。他总担心自己不够好，担心领导对他不满意，担心下属讨厌他，总之，他有着各种担心。

上次咨询是在一个月以前。阿鹏来找我的时候，已经有 10 多天没有好好睡觉了。他的原话是：“躺在床上就想自己当天哪句话说得不好，应该怎么说才行，反复思考自己的语言、行为哪里不对。想到这些事情，我就睡不着了。”我带领阿鹏做了放松训练，他居然在咨询室里面睡着了。咨询结束后，我让阿鹏回家按步骤自己进行放松训练。

按照约定，阿鹏本应在 9 月 10 号进行第二次咨询。放松训练只能起到一定的放松作用，对改善睡眠有些帮助，但睡眠问题很复杂，想要彻底解决问题，往往还需要进行一些认知调整。

可能是阿鹏觉得他的睡眠已经得到改善了，就没有再来咨询。

我一路想着阿鹏的情况，来到了工作室楼下的停车场。已经过了上午 10:30，我想早点到工作室，开窗透透气 —— 几天没有通风了，里面会有点闷吧。

我乘电梯来到 55 楼，往工作室走去，远远看到一个人站在门口。是阿鹏！看来他真的有点着急了。

阿鹏也看到我，举起手打招呼：“吴老师！”他一边说，一边快步向我走来。

“阿鹏！”我按照原先的步速走过去，一方面是为了稳定自己的情绪，另一方面是为了稳定对方的情绪。

“吴老师，我提前到了。我以为您在工作室，还想着也许提前到可以看到您呢！”阿鹏的确很着急。

当来访者着急的时候，咨询师得保持冷静。

“哦？看来情况挺紧急的，我们到里面去说！”我采取了共情技术，表达了对阿鹏的理解。

“是的，很紧急的。希望您能够帮助我。”

工作室里面的确有点闷，我便先去开窗户。

阿鹏进到房间里，站也不是，坐也不是。看到他着急得有点手足无措的样子，我说：“阿鹏，请你帮我把那边的窗户打开。”

“哦！”阿鹏朝着我手指的方向走去，准备打开窗户。

“好了，开窗透透气。好几天没来了，房间里面有点闷，你感觉到了吗？”

“没有，我觉得还行。”阿鹏应付地回了一句。看样子，他的心思不在外界，而在自己的内心。

个人如果总是把心思放在内心，就可能过度关注自己的情绪、感受，甚至会过度敏感，反刍自己过去的语言、行为的妥当性。

“嗯，请你说一下自己的情况吧，为什么这么紧迫呢？”我说了一下开场白。阿鹏等这个开场白已经等很久了吧，他多么希望尽快开始咨询。

我话音刚落，阿鹏就开始说：“上次咨询后，我的睡眠好多了，本来以为自己不需要再做咨询了。前天，对，就是前天，我们在公司加班，一个下属用很不客气的语气和我说话——下属怎么可以对上司不客气呢？我就好心劝他，要他说话注意一些。他可倒好，说：‘我就是这样的，没有哪里不客气啊！’我听完他这句话后，气得要命，真想拍桌子叫他滚，但是又不敢。就这样，前天晚上没睡好，昨天一天都是迷迷糊糊的。昨晚也没怎么睡，我一躺下就想起他的事情。他应该客客气气地和我说话的呀！我怎么会说不过他呢？以后还怎么管他？又怎么管其他人？想来想去，又睡不着了。我也试了放松训练，可是没有用，总是会想到这个下属的事情。因为昨晚也没睡好，所以我今天早上赶紧给您打电话，希望能够找出原因。”

“你和这个下属以前有过什么冲突吗？”我问。

阿鹏想了一下回答：“以前倒也没有什么冲突，感觉他说话一直都是很冲的。”

“他对别人也这样吗？”我怀疑是下属说话的方式激怒了阿鹏。

“好像差不多。不过，别人和他是同级别的，我是他上司，他应该注意一点吧？”阿鹏抱怨说。

“他应该对你毕恭毕敬，是吗？”我追问。

“也不是要他很尊重，至少客气一点。”

“什么是客气一点呢？”

“嗯，语气应该和缓一些！”阿鹏看着我，希望从我这里得到认同。

“阿鹏，你觉得是下属激怒了你，还是你自己创造了一种被激怒的情绪呢？”

“嗯？老师，我不明白您是什么意思。您是说我自己被自己气到了吗？”

“那你的情绪是怎么来的呢？”

“他应该尊重我啊！如果他尊重我，我就不会生气了，肯定是他把我气到了呀！”阿鹏理直气壮地回答，好像自己占据了道德的制高点。

看着阿鹏亢奋的样子，我内心是同情他的。

其实，我们的情绪和情感是由个人构建出来的。情绪不自生也不自灭，完全受环境影响而产生。有些情绪是有益的，有些情绪是有害的，有些情绪无害无益。但如果情绪影响了自身的工作、生活，我们就需要对其进行管理了。

情绪认知疗法创始人艾利斯（Ellis）认为：“我们有意无意地、有选择地以某种有益自身或自伤的方式去思考、感受和行动。”

二、关于理性情绪疗法

艾利斯认为，心理咨询师可以通过了解来访者如何想、如何感受、如何行为等，了解来访者的情绪、行为问题。

关于人性，艾利斯认为，个人是理性的，同时又是不理性的。如果个体能够理性思考（我认为这里的理性不是科学理性，而是适应性理性），那么其行为、思想都不会出现什么问题；如果个体不能够理性思考，就很可能陷入负面情绪体验而无法自拔。按照不合理的思维方式去面对问题、去行动，就会导致无法排除的情绪困扰。情绪困扰的持续，是那些内化语言反复出现的结果。艾利斯指出："那些我们持续不断地对自己所说的话，通常会变成我们的思想和情绪。"

常见的不理性思维表现在"必须""应该"等词语上："我是不是应该提出分手？""如果不再给我加薪的话，我是不是应该离职？"在阿鹏的案例中，他的"下属应该尊重我"的想法体现了他的不理性思维。

怎么才能放弃言必称"应该、应当、必须、不得不"的不理性的思维模式呢？美国心理学家韦斯勒（Wessler）认为，生活中常见的不理性信念可以分为三大类：

第一类：绝对化要求。

常见"必须"或"应该"。

第二类：过分概括化。

常见以偏概全。世界上没有十全十美的人，每一个人都应该接受自己和他人是有可能犯错误的人类中的一员。

第三类：糟糕至极。

认为一件不好的事的发生是非常可怕、非常糟糕的，是一场灾难。这种想法会导致个体陷入极端不良的情绪体验，如陷入耻辱、自责、自罪、焦虑、抑郁、悲观的恶性循环之中难以自拔。

三、练习：构建合理情绪

经常做一些思维练习，也许可以帮助人们调整不理性的思维模式。

这些练习也许看上去是简单的，没什么困难。置身于情境以外的人，都会觉得调整模式很容易。比如阿鹏的案例，大家可能觉得："没必要让下属尊重阿鹏吧！尊重不尊重是个人的问题，不能强求的！"

"旁观者清，当局者迷"是非常常见的现象，但是一旦置身其中，我们有时候就会陷入不理性的思维模式中，构建出许多负面情绪，导致各种不愉快的情绪体验。

想象一下自己被下属厌恶，下属做出一些不尊重的表情——尽量想象得丰富一些，你会有什么感觉呢？是生气、悲伤，还是焦虑？你是怎么构建出这样的感觉的？

请闭上眼睛想一下，刚才的感受是怎么产生的。

如果感受到负面情绪（愤怒、焦虑等），那么请你读一读下面的句子：

"这种感觉真的不好受，我真的需要为此而生气吗？"

"尊重不尊重是别人的选择，也许不尊重我会让我产生一些不好的体验，但我不能控制他人的行为吧！"

"即使下属表现出尊重，也不一定代表他的内心真的尊重我吧！"

"职场上，人与人之间的相处没有很严格的标准，下属的行为具有自主性。"

我们可以站在第三方视角（the third-party perspective）看待下属的行为："下属的行为属于个人行为，和我没什么关系。"站在这种第三方视角，可以让我们快速地平息情绪。

我们也可以比较一下，如果不站在第三方视角，而是陷入"应该、必须"的思维模式，那就会变成以这样的方式看待下属的行为："下属应该尊重我，不尊重我的行为让我很生气。"

不合理信念：
为什么要求别人必须尊重你？

经过访谈，我发现阿鹏心里面有一个开关，这个开关控制着阿鹏的情绪：下属不尊重阿鹏 → 表现在行为和语言方面 → 阿鹏感觉到不被尊重 → 开始生气 → 压抑情绪 → 体验到负面情绪 → 失眠。

阿鹏的情绪并非自我产生的，而是由外界刺激引起的。在上次咨询中，我也指出阿鹏需要在情绪方面进行管理，用认知的方式比用其他方式可能见效更快一些。

当然，上次是我和阿鹏第一次接触，我们需要建立咨询关系。我在第一次咨询中让他做了一些放松训练，通过掌握放松的技术来缓解紧张情绪。第一次的咨询效果达到了，按照计划，他需要再做几次咨询。可是他以为只是进行放松训练就好了，不需要再进行心理咨询。

这有点类似“治标”和“治本”的关系。放松训练是“治标”，而调整认知是“治本”。心理咨询师可以把咨询计划告诉来访者，但是不能强求来访者按照计划执行。

“那么，他不尊重你，你就一定要生气吗？”

阿鹏回答说："那也不一定吧？老师你说的话好像有点极端哦！为什么会用'一定'这个词呢？难道我的情绪不受自己控制吗？"

站在第三方视角思考，的确可以让来访者更理性地分析心理过程。比如刚才，我故意强化了非理性情绪表达，用了"一定"这个词，把原因和结果进行绝对化的联系。阿鹏很敏锐地看到了不合理联系，提出质疑。这种质疑对于来访者是有益处的。

当然，使用这种技术也有一定的风险——有可能破坏咨询关系。因为，心理咨询过程中的核心步骤是非理性信念的觉察与辩论，这一步往往会使用面质、夸张反诘等具有较高挑战性的技术。这些技术的使用对咨询关系中信任和接纳的品质提出了更高的要求，否则咨询者可能会因为感觉到被咨询师教导、指教而产生逆反心理或防卫心理，不断进行自我维护、自我辩解，出现咨询双方对抗的局面。这会对咨询效果产生严重的消极影响。

阿鹏已经明显产生了对抗心理，认为我说得不对。

"那请你说一说，为什么不对呢？"我说这句话的目的在于让阿鹏直面不合理信念。理性情绪疗法的特点正是这样，直截了当、不转弯抹角，以问题为中心。

我在说这句话的时候，可以预想到阿鹏开始以第三方视角去反驳不合理信念。心理咨询师有必要引导来访者对不合理信念进行批判。在心理咨询过程中，我们认为这个批判过程也是来访者转变不合理信念的过程。

"当然不对了，别人不尊重我，我为什么要生气啊？那我问问你，老师，我不尊重你，你会生气吗？"阿鹏好像已经打破了自己的不合理信念，并迁移运用到其他情境了。

“我为什么要生气呢？我没有过错啊！生气的本质是什么？是愤怒，进入一种战斗状态。别人不尊重我，难道我要和对方打一架吗？不合适吧？！”

“就是啊！你都不会生气，为什么我要生气呢？很不合理嘛！”阿鹏斩钉截铁地回答。

我微笑着说：“那么下属不尊重你，你的情绪怎么了？”

“欸！不对喔，老师！”阿鹏惊讶地睁大了眼睛。

“怎么不对了？”

“我和你是平等关系，下属和我是不平等关系，他必须服从我！”

“必须吗？”

“是的，必须！”

看来，阿鹏的不合理信念一套一套的。

“为什么下属必须服从上司呢？”

“这还用说！如果不服从，工作进度就不能按期推进，工作质量就会打折扣，然后我就会背责任，甚至有可能会失业，然后各种悲剧都会发生，比如房贷还不上、没钱加油、没钱旅游等。”

“难道下属不服从、不尊重你，后面一切都会变差吗？这个下属对你的工作、人生这么重要吗？”我采用了面质的技术来引发阿鹏思考。我觉得他有能力领悟到自动化思维的不合理性。

心理咨询的疗效必须建立在咨询者对其症状及问题的认识和理解的基础之上。咨询师必须让咨询者领悟其自动化思维的不合理之处，因为由此而来的观念一直被他们作为“想当然”正确的命题使用。

“让我想一想！”阿鹏陷入沉思，“好像也不会有那么严重的后果。”他沉默了很久后说了一句，听得出他仍然不是很认同自己的观点。

“嗯，好像吗？”我不依不饶地追问。

“的确是没有那么严重的后果，他并不会影响什么，除了让我生气以外。”阿鹏笑着说，不过，笑得有点勉强。

“嗯，听得出，你还有点怀疑。”我继续推进，防止阿鹏刚刚构建起来的信念又发生改变。

“并不影响什么，真的，他又能怎么样呢?！工作还是要做的，如果他做不好，我可以对他评价不合格或者申请让他调整岗位。”

“那么你还在意他不尊重你吗？”

“可能还会吧。说实话，我还是在意的。只是我觉得，他不尊重我，就让他不尊重好了，也许他就是不会尊重别人，他为人就是这样。可能是父母没有教育好呗！我又不是他父母，不需要教他做人。”

心理学的解释

听得出来，阿鹏仍然在意“被尊重”的感受。也许，在他的成长过程中，有什么经历影响了他的信念。

不合理的观念和想法都来自个体心里深层次的功能失调假设，来自个体早年形成的认知模式。这些模式不能说是完全错误或者负面的，而是支持个体发展的巨大力量，在个体处理信息的过程中起着非常重要的作用。

比如，有些人自小努力读书，认为不读书就不是好孩子，由此形成了不合理信念。长大后他们努力工作，认为不努力工作就不是好职员。他们把特质（好孩子）和行为（努力读书）进行了必然化联系。

这种认知模式一旦形成，个人的不合理信念就会产生，有可能让人陷入“想当然”的语境中。比如，“我对你好，你就必须对我好”“我那么努力地工作了，领导就必须给我加工资”“我都工作这么多年了，公司必须给我升职”等。

我们做心理咨询的时候，往往会遇到这样的来访者：他们秉持不合理信念，深陷“想当然”的语境无法自拔，非常痛苦。

不合理信念的破除过程，以及合理信念的建立过程是艰难的，不能着急，咨询师要保持耐心。因为，来访者保持这样的假设已经很多年了，他们不仅从中汲取营养，也从中获得动力。

有一些咨询师从自我视角去批判来访者信念的不合理性，试图扭转和改变来访者的不合理信念，而这样做往往会遇到极大的阻抗。为什么呢？

我曾经督导过一个案例。咨询师看到了来访者的“绝对化要求”，想告诉来访者：“你这样想是不对的，要改。”来访者非常抵触，便不愿意和咨询师继续谈话了。

原因在于，来访者在长期的生活过程中已经建立了独有的信念，比如“努力才能有好生活”“只能靠自己，别人都不可靠”。这些信念是支持来访者面对生活进行架构、构建的动力，是支持来访者去应对各种压力的心理结构。来访者的年龄越大，这种结构越牢固，越坚不可摧。

来访者到了咨询师面前，咨询师说：“你是错的，这个心理结构是错的，我们要推倒这个结构，重新建立新的结构。”来访者会怎么样？肯定接受不了。

咨询的重点不是完全改变来访者的心理结构，让来访者理解其痛苦感受来源于自己的信念，而是与来访者商讨这个信念是否存在不合理之处，并由来访者自己决定是要改变信念，还是继续持有该信念并承受连带的痛苦。

理性情绪疗法虽不如人本主义疗法那样强调咨访关系的重要作用，但同样赞成将尊重、信任、支持的咨访关系作为支持、鼓励当事人进行自我探索和改变的辅助条件。

很多初级心理咨询师以为，采用认知疗法就是让来访者看到并转变其不合理信念。其实，要不要转变，完全在于来访者个人，而不在于咨询师。

什么是情绪调节？
各种依恋类型情绪调节特点

一、情绪调节

情绪调节并不是很玄乎的事情，它每天都会发生。

情绪调节是个人为了适应环境变化和满足人际沟通协调的需要，对情绪的内在心理过程和外部行为表现所采取的监控和调节。

说到情绪调节，一定会提起格罗斯提出的情绪调节的经典过程模型。该模型将情绪调节视为一个连续变化且贯穿于情绪整个发生过程的动态策略，不同的情绪调节方式对应情绪发生的不同阶段。

（一）两种情绪调节策略

情绪调节策略主要分为两种：先行关注情绪调节（antecedent-focused emotion regulation, AER）策略和反应关注情绪调节（response-focused emotion regulation, RER）策略。

（二）什么是先行关注情绪调节?

先来看一下格罗斯的情绪调节过程模型。格罗斯认为情绪调节是在情绪发生过程中展开的，在情绪发生的不同阶段会发生不同的情绪调节，如下图所示：

格罗斯情绪调节过程模型

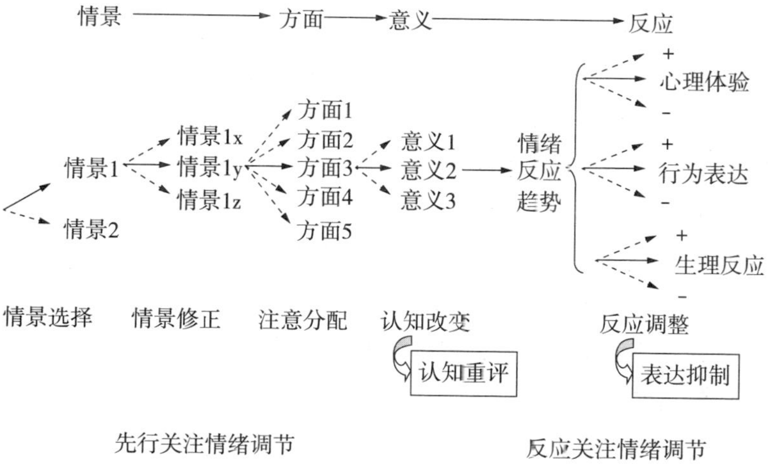

依据格罗斯的情绪调节过程模型，情绪发生过程中的每一个阶段都存在情绪调节，分为五个步骤：

步骤一：情景选择（situation selection）

步骤二：情景修正（situation modification）

步骤三：注意分配（attentional deployment ）

步骤四：认知改变（cognitive change）

步骤五：反应调整（response modulation）

情景选择、情景修正、注意分配、认知改变发生在情绪反应被激活之前，因此属于先行关注情绪调节。

（三）什么是反应关注情绪调节？

发生在情绪已经形成、情绪反应激活之后的情绪调节，属于反应关注情绪调节。

我们来举一些例子。

情景选择：

实例：在办公室里面，迈克不喜欢同事薇薇安，根据过去的经验，他觉得薇薇安说话不符合情景，且不分场合大声喧哗。于是，迈克尽量避开薇薇安。

概念：个人主动地靠近或回避某个人、事件及场合，以调节自我情绪，通过这些策略来减少负性情绪的发生或者增加实现积极情绪体验的机会。社交焦虑、广场恐惧症、惊恐发作等心理疾病患者也经常会采用这种策略。

情景修正：

实例：小明参加演讲比赛，他知道自己上台前会觉得很紧张。为了让自己表现自然一些，他给自己鼓劲，告诉自己“这只是一次模拟，并不是真正的演讲，即使失败也没关系”。

概念：直接应对问题，而不回避问题，通过改变情景（而情景是可以自主设置的）来实现个人对情绪事件的控制。

注意分配：

实例：小明初二下学期期末考的成绩不理想。他回到家之后，妈妈问：“成绩单呢？考得怎么样？”

“拿回来了，妈妈，我等会儿给你！”

小明回到自己的房间，可是仍然不知道如何跟妈妈解释自己的成绩。怎么办呢？他拿出自己的成绩单，研究了一下，发现自己有进步也有退步。数学、英语成绩进步了，但是历史、政治成绩退步了，主要是因为自己没有时间也不喜欢背那些知识点！

“反正以后也会选理科，不需要考这些。英语、数学是一定要考的，幸好自己这两科的成绩提高了。”小明心里想，然后知道应该怎么和妈妈说这次的考试成绩了。

概念：关注情景中某一个或某一些方面，动员自己的意识，努力使注意力集中在某一个特定的话题、动作、任务上，让注意力离开原来的话题或任务。

认知改变：

实例：小明排队买汉堡套餐，后面有人踩了一下他的脚后跟。他有点生气，转过身低头一看，是一个五六岁的小女孩——她是不小心踩到的。小明也就没有说什么了。

概念：选择对诱发情绪事件的解释。个人对诱发情绪事件的解释会对情绪发生的心理体验、行为表达、生理反应产生强大的影响。

认知改变不仅可以用来缓和情绪，也可以加剧情绪反应，还可以改变情绪的性质。比如，转悲伤为愤怒：考试不及格是一件非常令人悲伤的事情，但想到可能是老师故意给自己打了低分，小明非常愤怒。或者转悲为喜：考试不及格是一件非常令人悲伤的事情，但想到可能和自己心爱的女神一起补考，小明有点开心。

反应调整：

实例：小明在买电影票，卖票的服务员没好气地告诉他：“没有票了，要么等下一场，要么明天再来。”小明有点生气、有点失望，但他压抑住情绪，也没多说一句话就走了。

概念：情绪被激活后，个人能够动员意识去对可能的情绪反应（比如心理体验、行为表达、生理反应）进行调整，主要表现为控制情绪反应的行为表达。

二、常用的情绪调节策略：表达抑制和认知重评

情绪发生、发展变化得非常快，有时候情绪调节会在零点几秒钟内完成，有时候人们甚至会不自知地采用情绪调节策略。那么，人们常用的情绪调节策略是什么呢？

我们来看一个案例。

小明和美亚来到咨询室。小明说："你每次都不等我回家就自己吃饭了。等我到家时，饭菜都凉了，还要自己加热。我都不愿意回家吃饭了。"

"谁叫你不早说的，每次都要我问'回不回家吃饭啊？'，问多了你烦，不问你又抱怨。我怎么知道你会不会回家吃饭。我只能做多一点，不吃就倒掉。哼！"美亚也非常生气。

小明刚想说什么，却把要说的话硬生生地吞到了肚子里。

请问：小明采用了什么情绪调节策略？答案是：表达抑制（expression suppression）。

再来看一个案例。

已经晚上10:30了，美亚还没有回家，小明有点担心。听说最近小区旁边治安不太好，美亚不会遇到什么安全问题吧？想着想着，小明有点坐立不安，在房间里走来走去。他时不时望向窗外，希望能够看到美亚的身影。

"不行，还是得去小区外面等着！"小明拿定主意，穿好衣

服准备出门。走到玄关拿房门钥匙的时候，小明发现自己的车钥匙被美亚拿走了。他突然想起来，美亚是开车出去的。

小明转念想："最近治安问题好像都是飞车党抢独行女生的包包，开车应该没问题的吧！"

他又回到客厅，脱下衣服，坐在沙发上等。过了一会儿，他听到开门的声音——美亚回来了。小明心里的石头终于落了地。

请问：小明采用了什么情绪调节策略？答案是：认知重评（cognitive reappraisal）。

在情绪发生的整个过程中，进行情绪调节的策略很多，较为常用的策略是表达抑制和认知重评。

抑制将要发生或正在发生的情绪表达行为，被称为表达抑制。通俗来说，表达抑制就是压抑情绪的发生。

想象一下开水壶里面沸腾的水，水蒸气冲击壶盖，而壶盖压住水蒸气。情绪好比水蒸气，壶盖好比表达抑制。表达抑制是通过调动自我控制能力，启动自我控制过程，来抑制自己情绪的行为。

除了负性情绪，有时候积极情绪也需要压抑。比如，上班的时候打开彩票网站，发现自己中了500万大奖。这时候得压抑狂喜的情绪。

而认知重评就是：个人通过启动意识，改变对情绪事件的理解和看法，以达到情绪调节的目的。

我们来看一个案例。

小明回家后看到自己养的宠物小狗在阳台拉屎了，再认真看看狗屎，稀巴烂，于是猜测小狗最近肚子不舒服，肯定是没憋住。小明赶紧找消毒纸巾、消毒液处理粪便。他并没有生气，而是有点担心小狗。

认知重评试图以一种更加积极的方式理解使人产生沮丧、生气、厌恶等负性情绪的事件，或者对情绪事件进行合理化的解释。虽然常用的情绪调节策略都有助于情绪管理，但是认知重评优于表达抑制。

格罗斯认为，通过认知重评来调节情绪，会改变整个情绪反应的轨迹，缓和情绪的心理体验、抑制行为表达和减弱生理反应。而表达抑制虽然会抑制情绪表达行为，但不会缓和情绪的心理体验，甚至还会由于抑制情绪表达行为而增强情绪的生理反应。

对于厌恶情绪，表达抑制抑制了厌恶情绪的行为表达，但增强了心血管和皮肤电系统的交感神经激活程度，这对厌恶情绪体验没有明显的影响。

而认知重评抑制了厌恶情绪的行为表达，缓和了厌恶情绪体验，但对心血管和皮肤电系统的交感神经激活程度没有明显影响。实验证明，虽然厌恶情绪被抑制，但是人们的厌恶情绪体验还存在。

抑制积极情绪，积极情绪体验还在吗？

如果抑制积极情绪（如快乐、自豪等）的行为表达会对积极情绪体验产生显著影响，即抑制积极情绪的行为表达，会导致个人积极情绪体验降低，甚至消失。

举例：

小明工作 3 年了，业绩在公司同岗位排名第一，最近被提拔为部门主管。他虽然很开心，但是在上班的时候不敢表现出来。下班后，他回到家也只有一个人。小明也没有向其他人分享成功经验的习惯，觉得自己应该低调一些，不能骄傲。过了一段时间，晋升的喜悦慢慢消退。

三、安全感和情绪管理的关系

（一）以回避型依恋和安全型依恋互动为例

安全感在心理学上与依恋类型相对应。我们在前文讲过，不安全型依恋有三种：焦虑型、回避型、害怕型；安全型依恋有一种：安全型。

不同的依恋类型在情绪管理方面有各自的特点。

先来看一个案例：

小勇属于回避型，小美属于安全型。

小美在家里做饭，等着小勇下班回家。她看天色已晚，心想："今天是周五，说好了早点回家的，怎么还不见人呢？"

叮咚，她的手机收到一条微信："我不回家吃饭了，加班！"

"这家伙，现在才跟我说不回家，为什么不早说！饭都做好了，菜也做多了，还做了汤，那可是虫草汤啊！虫草可是 5 万块一斤的。我还做了两个人的分量！等他回来，一定要让他把汤给喝了，否则就浪费了。"

虽然小美有点不高兴，但是她还是回复："早点回家，给你留了虫草汤！"

她一边吃饭，一边想着："也许是项目比较急吧。最近小勇老是要加班，做程序员就是这样吧！为了赶进度，他已经习惯了 996 的工作节奏。可是，不加班的话呢？收入可能会少哦！现在物价这么高，我自己的工资又不高，每个月到手才 5000 多一点，只够日常餐饮、物业水电开支。我们还要还房贷、车贷，这两个贷款每个月就有 1.5 万。小勇月收入 3 万多，这样家庭收入支出才能够持平。"

小勇收到微信，回复“好”后，就把手机放一边了。工作的时候，尽量保持思维的连续性，不看手机、不玩游戏等是他多年的习惯。在读大学期间，小勇就不玩游戏，也不谈恋爱。在他看来，与其把时间花在情感上，还不如去图书馆看书。小勇并不喜欢沉浸在情感关系中，“每天腻歪在一起，不累吗？”他经常鄙视地批判舍友。全宿舍四个男生，其他三个人都有女朋友，而小勇一直是单身，独来独往。

终于到了下班时间，走出办公室的时候已经是晚上9:30了，小勇准备打车回家——家里新买的车是小美在开。回到家已经是10点多了。开门进屋，小勇看到小美在敷面膜。小美指了指餐桌上的一碗汤，又指了指微波炉，大概的意思是“汤用微波炉加热”。

小勇理解了，按照小美的指示办。他拿起碗，打开微波炉，把碗放进去，定时1分钟。之后，他取出碗，喝掉汤，放下碗，然后坐在餐桌旁边的椅子上发了一会儿呆。

“我去洗澡了！”小勇没有对汤的味道进行评价，好像自己喝的不是汤，而是白开水。

“嗯！”敷面膜的小美答了一个字。据说敷面膜的时候不能说话，也不能做表情，否则皱纹会增加。

小勇从浴室出来，来到卧室里。此时小美正坐在卧室的梳妆台前，欣赏自己敷完面膜后白嫩的脸。

“好看吗？”小美对着镜子，事实上是在对小勇说。

“嗯，好看！”

“回答得一点儿诚意都没有！”小美嘟着嘴巴。

“很好看！”小勇仍然面无表情，回答只是多了一个“很”字。他拿着手机，躺下了。

小美一把抢过他的手机，嘻笑着说："我今天必须让你说真心话，哪里好看，好看在哪里？"

小勇刚想发火，但压住了。他知道发脾气对自己一点儿好处都没有。如果自己发脾气，小美会发更大的脾气，然后两个人会冷战很久，最后倒霉的还是自己，又是道歉又是买礼物。

"好吧，皮肤白里透红！"小勇回答得仍然不走心。

小美把手机扔到床上，说："看你加班辛苦，饶了你！睡觉！"

小勇感觉自己刚刚经历过一场考试、一次面试，放松下来后，不自觉地叹了一口气！

他躺在床上，心里想："我是不是不爱小美了？我怎么有点儿冷淡了呢？"

（二）依恋理论的心理学解释

安全型依恋的人能够通过重新评价情境，以相对温和的方式解读事件，维持较高的自我效能感，降低情绪对自身的干扰，从而建设性地解决问题。小美知道小勇不回家吃饭后，能够重新评价事件的影响，不会陷入负面情绪。

小勇为什么那么冷淡呢？回避型依恋的人在情绪调节中经常使用表达抑制策略，压抑痛苦和沮丧的感觉，抑制情绪带来的外在表达。他们会借助这种抑制激活的防御策略来处理日常情绪事件。但当小美强迫小勇做出回答的时候，抑制策略失效，小勇产生了明显的负面情绪：愤怒。如果小美继续逼迫，小勇就可能会暴露情绪。

当回避型依恋的人面对强力而持久的压力刺激的时候，抑制策略不仅会失效，还会增强情绪带来的生理反应。换句话说，回避型依恋的人采用的抑制策略是低效的、不完全的。

（三）有关依恋类型与情绪调节的神经科学证据

胼胝体下扣带皮质（subcallosal cingulate cortex, SCC）与反应关注情绪调节有关。

有这样一个实验，该实验中，实验人员先让被试想象消极情景，比如伴侣分手或死亡，然后要求他们抑制这些消极情境所引发的情绪（采用反应关注情绪调节策略）。结果发现，依恋回避和 SCC 激活存在正相关关系，低依恋回避的被试在抑制阶段也显示出对 SCC 激活的抑制，而高依恋回避的被试则有着相对较强的 SCC 激活。

先行关注情绪调节和眶额皮质（orbitofrontal cortex, OFC）有关。研究发现，低依恋焦虑的人在采用自动情绪调节的时候会激活 OFC。

回到上面的故事。小勇应该认真地分析一下自己的性格，并与小美进行认真的沟通。以后如果两人发生分歧，小勇也可以用认知重评来解决问题。认知重评既能使自身获得安全感，也是给予对方安全感并让两人获得幸福感的良方。

为什么我们要自我肯定？

一、为什么有的人觉得自己很“渣”？

李锐是一家公司的总经理。他失眠很长时间了，有朋友说这可能是心理压力造成的，推荐他去找个心理咨询师咨询一下。于是，他找到了我。

李锐开门见山地说他已经失眠 3 个月了。

“你最近压力大吗？”我直接指向失眠的诱发因素——工作压力。一般来说，职场人士的失眠问题都和工作压力有关系。

“嗯，有的，不过还好。公司最近和某著名运动品牌签了广告合作业务，年度预算大概 4000 万吧。我们是广告承接方，帮助该品牌做广告和线下活动。”

我接着问他觉得自己做得怎么样。

“老板说做得还行吧！但我觉得做得一点儿都不好！”李锐皱着眉头，摇头说。

老板觉得还行，但自己觉得不好，这应该是自我认知的问题。我没有着急下定论，而是继续问他为什么这样看待自己。

“因为我觉得自己没有什么能力啊！做线下活动有什么难

的，我觉得自己很渣，还不如刚刚毕业的学生。”李锐果然自我否定。

“渣”是一个具有贬低性质的形容词，内涵类似于“烂泥扶不上墙”。工作压力并不一定会击垮人们，但是自我贬低、自我否定、价值空虚感会让人精神垮掉。面对这样的人，劝说往往起不到什么作用。

“你为什么会觉得自己很渣？”我在开放式询问后，把重点聚焦在“渣”这个问题上。

“其实，业务并不完全是由我搞来的。我靠着老板的关系去投标，然后把队伍搭起来，把制度建立起来，就这样。没什么难度！”李锐轻描淡写地描述了自己的工作内容。在他看来，这些经验、能力完全不值得一提。

“那我就不明白了，为什么你们领导会找你当总经理呢？”面对他对自己的一再否定，我单刀直入地问道。

“猎头找的，当时我正好也想换工作。”

“猎头为什么推荐你，而不是其他人呢？”我继续追问。

“当时有几个面试的，老板最后选了我。据老板自己所说，他认为我虽在经验方面欠缺一点儿，但是有一股不服输的劲！”李锐随意说起自己的优点，好像说的不是自己。

“不服输吗？”

“是的，在过去的经历里面，我从来都不会放弃，哪怕工作再难，也会坚持。为了一个投标，我可以连续加班很多天，有时候熬夜到凌晨三四点，甚至在办公室吃睡。”

“为什么这么拼呢？”

“我怕别人看不起我，觉得我是渣渣。”李锐还是不能放弃“渣渣”的评价。

“工作这么多年来，你都是这样想的吗？”

“差不多吧，一想到别人会看不起我，我就拼了命地干。可能是透支了健康吧！你看我，头发都掉光了。呵呵！”李锐用右手摸了摸头顶，那上面确实没有一根头发。

“以前工作压力大的时候你也会失眠吗？”

“不会的，倒头就睡，跟猪一样。最近也不知怎么了，疫情嘛，感觉有点担心，不敢出门。有一次失眠了，然后就开始怕失眠，结果越怕什么越来什么，就连续失眠了。”

我对李锐说：“你得做一做自我强化了，否则得服用药物帮助入睡！”

“怎么做呢？”

“也不难，请你详细地描述自己的优点，把优点都写在这张纸上！”我递给他一张空白的 A4 纸、一支铅笔。

“我好像没有什么优点吧！”李锐皱着眉头拿起铅笔，低头看着白纸，好像希望自己的优点能够自动浮现在 A4 纸上面一样。

我预料到他会这样说，根据过去的经验，凡是深陷自我贬低的来访者都很难找到自己的优点。如果他们能够找到优点，那么也不至于陷入自我否定。这时候，我没有说话，而是沉默。在心理咨询中，咨询师不一定需要说很多话，有时候适当的沉默反而可以起到交谈达不到的效果。沉默是本质性的治疗因素。来访者的沉默分为成长性沉默、症状性沉默、策略性沉默，咨询师的沉默分为本质性沉默、工作性沉默、消极性沉默。

大约沉默了 1 分钟后，李锐准备开始写第一个字。他下笔很重，一用力，铅笔的笔头就断掉了。于是他又向我要了一支铅笔，继续写了起来。

“执着”。写完这个词后，李锐又停下来了。他低头搜肠刮肚地寻找过去的记忆，回想是不是有人夸奖过自己。然后继续写：负责、包容。

“就这几个吧！”

“只有三个优点吗？还有吗？”

“实在想不起来了！”李锐挤出一点笑容，摸着光头，身子往后靠了一下。这是代表防御心理的微表情和动作：脸上做出适应性的微笑，是为了释放内心的压力；身子往后靠，说明感受到了压力，想逃离。语言能够掩饰内心，但行为无法掩饰。我敏锐地捕捉到了这些信号，便暂时不再强迫他补充优点。

为什么需要鼓励李锐写出自己的优点呢？

二、应激事件与自我肯定

（一）应激事件

首先要有一个应激事件。疫情对大家来说属于威胁信息，大部分人会感到受威胁、不安全。当然，我们会采取行动，比如做好清洁、减少出门、戴好口罩等。这些属于合理的防御措施。很明显，我们都觉察到环境中存在威胁。人们在面对威胁信息的时候会产生应激反应，表现出紧张、焦虑和抑郁等情绪。这种反应模式具有生理学基础，会引发人体内交感－肾上腺髓质轴和下丘脑－垂体－肾上腺皮质轴（大脑的应激管理系统）功能的改变。

（二）缺乏自我肯定

作为抵抗威胁的重要心理结构，自我肯定（self-affirmation）可以减弱威胁对自我产生的负面影响。什么是自我肯定？自我肯定指人们在遇到具有挑战性或威胁性的情境时，整体上将自我看作是胜任的、优秀的和有效的。自我肯定可以通过改变人们对自我的看法来产生一系列积极的适应性结果。它会触及自我系统和社会系统之间一系列互相强化的交互作用，从而促进良性循环。缺乏自我肯定的成年人可能会产生不适应状态，比如焦虑、抑郁、失眠等；而缺乏自我肯定的青少年可能会出现考前焦虑、回避上学、退学等情况。自我肯定具有减轻身心压力的作用，能够削弱交感神经系统反应。

为什么自我肯定有积极的心理效应呢？自我肯定虽然不一定会产生积极情绪，但是能够产生持久的稳定情绪。自我肯定的作用是通过中央路径加工（central route processing）来实现的。它维护了自我整体性，因而促进人们理性、系统地思考。对于论据充分的反对意见，进行自我肯定后的人更有可能接受；对于论据不足的意见，进行自我肯定后的人更有可能怀疑、拒绝，甚至改变自己的立场。比如李锐认为自己是“渣渣”，进行自我肯定后，他很可能认为说明自己是“渣渣”的证据不足，从而改变这个看法。

（三）自我肯定

有研究发现，肯定的个体价值观可以增加被试的愉悦感。从注意力聚焦理论分析，当个人把注意力放在积极特质上时，其焦虑会减少，其工作效率会提高。焦虑会损害注意力，降低工作效率。肯定自我的积极特质会使个体感觉良好，觉得自己更有能力。通过自我分析，对自我行为和（或）自己过去的行动进行合理化分析；通过自我肯定来应对威胁；通过自我的价值肯定来减少心理的失调。自我肯定不仅可以减少认知失调，还具有减轻身心压力、削弱交感神经系统反应的作用。研究显示，自我肯定的人，肾上腺素水平更低，这说明他们感受到的压力更小。

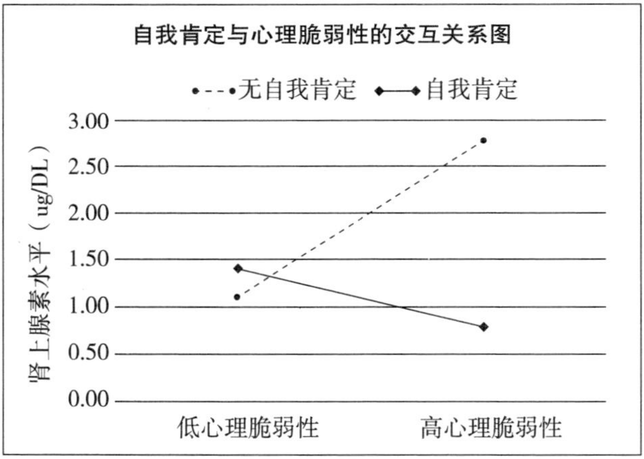

那么，为什么我要让来访者自己写优点呢？因为这是一种激活自我肯定的研究方法。实验人员会通过直接让来访者写下对自己而言最重要的和使自己感到骄傲的身份、才能、关系和价值等，来激活来访者的自我价值感。

这个实验对于我们有一定的指导意义，即在日常工作生活中，我们有必要多注意自己的优点，沉浸下来用心体会，并且把这些优点分享给身边的朋友、亲人，让他们确认哪些是他们认可的（注意，不需要让他们提缺点）。然后，把优点做成铭牌，放在经常能够看到的地方，比如办公室桌面、手机屏保、车钥匙吊坠等。只要坚持这样做下去，相信你一定会收获自我肯定。

三、中国传统文化的智慧

中国传统文化中是否也有“自我肯定”的相关论述呢？答案是肯定的。

（一）孔子的自我肯定

孔子认为，君子要自我肯定：“人不知而不愠，不亦君子乎？”

对这句话有两种解读。第一种是孔子对学生讲的：同学们，当别人不理解你时，你不生气，不就是个君子吗？还有一种是孔子对自己的要求：我讲的东西，别人不理解或理解错了，我不生气，那不就是君子吗？

儒家提出“忠恕之道”及“絜矩之道”。

孔子从人伦道德秩序出发，提出了“忠恕之道”，将其作为儒家处理人际关系的重要准则，要求人们由自己内心的体验推及他人的心理感受，使人我之间，各得其宜。

孔子认为的“忠恕之道”包含两个方面，一为“忠”——“己欲立而立人，己欲达而达人”（注解：欲，想要。立，站立。而，表转折，即才能够。立人，使动用法，使人站立，意思是把摔倒的人扶起来。达，腾达。达人，使动用法，使人腾达，意思是周济需要帮助的人）；二为“恕”——“己所不欲，勿施于人”（注解：欲，想，想做。勿，不要。施，施加。于，介词，在。人，这里解释为对方）。在《论语·里仁》中，曾参曾以“忠恕而已”释“夫子之道”，以体现“忠恕”之重要性；而在《论语·卫灵公》中，子贡也将“恕”诠释为终身可行的道德标准。

孔子在教学过程中也注意培养弟子的自我肯定能力。如在经典的因材施教的故事中，对同样的问题，孔子对子路和冉有的回答完全相反，原因就是：冉有性格谦逊，办事犹豫不决，所以孔子鼓励他临事果断。

宋代大儒朱熹对理解他人也有自己的观点。“近取诸身，以己所欲譬之他人，知其所欲亦犹是也。然后推其所欲以及于人，则恕之事而仁之术也。”“忠者，尽己之心，无少伪妄，以其必于此而本焉，故曰‘道之体’。恕者，推己及物，各得所欲，以其必由是而之焉，故曰‘道之用’。”大致的意思为：按照自己内心的想法，推断他人的心理动机和需求；忠是尽量做好自己；恕是从自己的需求出发，想象对方的需求。在朱熹看来，忠恕有先后关系。先有“尽己之心”，然后才“推己及物”。

（二）儒家的自我肯定

儒学非常强调个人的品格修养。个人在修养过程中，一步步实现自我肯定，相信自己是一位品德高尚的君子。

孔子认为，个人要注重品格修养。怎么做呢？他提出向更优秀的人学习——“见贤思齐焉，见不贤而内自省也”——也就是我们今天说的“上行比较”。孔子的修炼方法包括“克己、内省”——“已矣乎，吾未见能见其过而内自讼者也”。

也许孔子可以非常熟练地应用“上行比较”，但是对于很多人来说，总是看他人的优点会让他们感觉自愧不如，从而感受到压力。当然，儒学为世人指明了一个毕生发展的大方向：内圣外王。内圣外王的前提条件是内在修行、修炼，使德性达到圣人的标准，这样才有机会去实践努力，成就王侯的功德业绩。

除了孔子，还有很多儒家先贤提出过关于自我修为的观点，其中最受推崇的是孟子的观点。

关于自我修为，孟子的态度是积极的，他相信“人性本善”。基于这样的假设，孟子进一步提出人们修身的终极目标：人皆可为尧舜。

孟子也知道，虽然每一个人都“性本善”，但是不一定都可以成为圣人。为此，孟子提出自我修养方式：思诚、反求诸己。这个方式和孔子的修炼方式很像，强调自我反思、自我约束、自我提升，以期成为君子、成为圣人。自我修为非常强调对于自我的反思与探索，并始终将内在的主动性置于重要的位置。它提倡激发自己内在向上的驱动力，而不是和他人比高低，感觉自己不如别人，因此才努力学习、努力向上。

四、你自我肯定了吗？

通过李锐的困境我们可以看到，缺乏自我肯定的现象在现实生活中有多么普遍，又多么严重地影响了我们的工作和生活。

同时，我们也欣喜地发现，无论从心理学领域还是从中国传统文化领域，都能找到良好的解决办法。

偶尔的自我怀疑、自卑都不是太大的问题，关键是你要认识到并且正视这个问题。最终，总会有办法解决的。

今天，你自我肯定了吗？

物质主义：“名媛”拼团背后的心理动机

有段时间有这样一些小视频和新闻：在上海、北京、广州、深圳这些地方，有一些女孩子组团去租车、住酒店或者租奢侈品包，然后拍照发朋友圈。这些女孩子为什么要这样做呢？这样做的目的又是什么呢？这涉及一种深层次的社会心理。

一、物质主义与物质主义者的特点

人们看到这样的现象，第一时间想到的是拜金主义。这些女孩子追求物质，爱慕虚荣，但她们并没有丰厚的家底，可能也没有固定的收入，只能够通过联合起来租豪车、订高级酒店来假装自己很有钱。（然后呢，她们就可以和上流社会、粉丝互动啦！我猜的。）

那么，什么是拜金主义呢？也许拜金主义可以用物质主义来解释。心理学对物质主义的定义是：消费者给财物赋予非常高的重要性。心理学家认为，物质主义是一种只对物质感兴趣，而对其他社会目标不感兴趣的个人价值倾向。

这很容易理解，因为咱们中国现在经济高速发展，身边多少会有朋友或者朋友的朋友暴富。很多人认为，自己也可以快速积累财富。财富不是罪恶，而是进行社会交换的一个工具。有了财富，就有购买更多服务的能力，而且富有之人的活动空间和社会自由度也会更大一些。所以，很多人会羡慕财物自由的人并追求财物自由。当然，当个人把财物的获得变成了唯一的生活目的时，追求物质就变成了个人重要的价值观。因此，个人可能会无条件地、毫无原则地追求物质，甚至会把追求物质内化为个人的品质。

信奉物质主义的人都有什么样的行为特征呢？心理学家分析出四个典型特征：

第一，看重财物的获得，渴望得到更高水平的收入，非常注重经济来源，比较少关注人际关系。

第二，以自我为中心且自私，倾向于保留资源为自己所有，而不愿意主动分享自己所拥有的财物。

第三，追求奢靡的生活方式，鄙视和放弃过淡泊的生活。比如在出行方面，他们会选择开车，并且要开奢侈品牌的车，而不愿意骑单车或者乘公共交通工具。

第四，对生活没有满足感，他们会不断地去寻求更多的货币和财物，对财物的欲望无法被填满。

从上面的特征来看，物质主义者包含了三个具体的人格特征：第一个是妒忌，第二个是小气，第三个是占有欲。

什么是妒忌？妒忌，即当他人拥有自己所没有的东西——大部分是指财物时，自己就会感到不高兴，感到没有价值。

小气，指的就是自私，反义词是大方。小气的人，不愿意把自己拥有的物质和他人分享。

占有欲是为了使物质保持稳定的倾向和趋势而做出的追求。

二、物质主义者的养成

我们来分析一下，为什么有一些人会成长为物质主义者呢？

有研究表明，如果个人在成长中有不安全感，并且过去的生活经历中看到过、接触过物质主义者，那么就有可能形成物质主义观念。为什么个人的不安全感会使其成为物质主义者呢？其中一个原因是：如果成长时心理需求得不到满足，那么个体就有可能用物质来缓解不安全感所带来的痛苦。

在我的来访者中，有一些非常富裕的人，他们虽然有很多的金钱、很多的财产，但是仍然不快乐。为什么？其中一个很重要的原因就在于他们会不断地去寻求更多的财富，当他们的期望得不到满足的时候，他们就会很痛苦。

比如这个案例。

“吴老师，我最近非常难过。”

“为什么呢？”

“因为我最近少赚了3000万。本来如果这一次项目进展顺利的话，我们就可以有1亿的进账。但是由于我的一个小小的失误，我们少赚了3000万。”

“可是已经有7000万的利润了呀，为什么还觉得不如意呢？”

“7000万算什么？我们要实现1亿的小目标。”

他继续说：“对财富的渴望，也许和成长经历有关吧！我小的时候家里比较穷，吃都吃不饱，因此我对物质特别看重。我如果没有达到目标的话，就有可能会挨饿受冻。所以我对结果要求很严，一旦没达到目标，我就会很焦虑，感觉自己很失败。”

贫穷限制了我的想象。赚了7000万还不高兴，我真想抽他一个大鞋底！

根据社会化理论对物质主义者的解释，儿童早期的贫困经历可能会促进个人物质主义观念的形成。处于低社会经济水平的儿童在成长环境中经常体验到经济的落后、食物的匮乏、物质的不足，因此会产生对食物和金钱的不安全感，并且这种不安全感会深深地埋在心里，发展为一种不安全的心理结构。当他们成年之后，就会表现出对物质获取和事业成功的强烈欲望，也就是表现出较强的物质主义价值观。研究也显示，如果儿童在早期的生命体验中经常感受到经济落后，那么其在长大成人之后更容易养成妒忌的习惯。

心理学家马斯洛认为，如果儿童没有接受很好的教育，其父母没有建立起和谐的家庭氛围，导致儿童体验不到安全感和支持，那么为了维护心里面的安全感，儿童就有可能隐藏和忽视对安全感的欲望。但是成年后，他们会努力去寻求经济和物质上的成功，来满足少年时期被压抑的欲望。

所以我们可以推测，那些拼团租豪车、订五星级酒店拍照的女生，现在的经济状况一般都不会太好，并且她们可能来自经济条件不太好的家庭。

除了原生家庭经济水平较低之外，家庭的氛围对物质主义者也有影响。父母之间的冲突会让子女产生不安全感，形成对物质的过分需求，从而变成物质主义者、拜金主义者。

三、社会学习

物质主义还可以通过个人的社会学习形成。我们前面已经讲过，中国现在处于经济快速增长的阶段，身边有一些人抓住机会一夜暴富。电视、电台以及各个自媒体平台都在传达这样一种观念：个人可以靠自己的努力快速地获得名和利。

有些人对此深信不疑，认为自己也能够一夜暴富。当然，我们也看到，有一些人确实是抓住了机遇，快速积累了财富。比如在自媒体时代，有一些人靠做自媒体赚到了第一桶金；在互联网电商时代，有一些人靠开网店积累到第一桶金；在短视频和直播时代，有一些人靠直播进行流量变现赚得了第一桶金。但是我们有没有反思：这些人的成功可以复制吗？可以在自己身上变为现实吗？有些带货主播非常火，但是又有多少人记得他们在狭小的空间做直播的经历呢？他们又在多少个孤独寂寞的夜晚直播，却没有任何收获呢？

现在的媒体、影视作品极大地影响着人们的价值观，而错误的价值观非常容易影响观看者的信念。有些影视作品传达着这样的观点：掌握大量物质财富是非常普遍的。

《西虹市首富》这部电影有个情节：巨额的财富突然间降临。这种突然间被金钱砸中的情节，也许反映了当下人们对财富的无限欲望和不切实际的期待。

四、物质主义的影响

我们很难去批判物质主义是好还是坏，但是研究显示，奉行物质主义的确会对个人的身心健康造成不良的后果。在个人层面，奉行物质主义会降低个人的幸福感和生活满意度，同时，有可能造成身心疾病。奉行物质主义还有可能会导致消费者不断地去购买商品，而其中有一些并不是生活必需品。有一个现象能够说明物质主义造成了个人的过度消费：每年的“双十一购物节”会产生大量的购买行为，接着又会出现大量的退货行为。

为什么财富会影响到幸福感和生活满意度呢？溢出理论（spillover theory）认为，生活满意度取决于我们对生活标准的满意程度，而对生活标准的满意程度又决定了我们对实际生活标准的评价。也就是说，如果我们对当前的生活是满意的，对当前的生活标准是接纳的，那么，我们就能够感受到幸福，但是，如果我们对当前的消费水平不满意，那么我们就很难感受到幸福。

物质主义者会把自己的生活目标设置得很高，他们需要豪宅、豪车、奢侈品等。这些目标和他们的生活存在巨大的差异，导致目标和现实之间存在巨大的裂痕，所以就造成了物质主义者对生活不满意以及缺乏幸福感的局面。

总的来说，“名媛”拼团租车、订酒店这样的现象不是孤立的，它反映了当下部分人对生活的不满意。他们希望一夜暴富，希望能快速达到这个目标。这样的希望等同于幻想。

事实上，对于财富的盲目追求，不仅不能缓解内心的不安，反而会加剧内心的不安。从我的客户中就可以看到，很多来访者都是身家千万的老板，或者至少是年入几十万到上百万的高级打工人。他们虽然收入高，但照样不安，照样需要做心理咨询。

追求物质没有错，但是不要陷入物质主义，不要成为拜金主义者。努力工作，满足自己的生活需求，但是不盲目攀比，不要永远“向钱看”，才是让自己心安的根本。

应对不安，除了学习，更要付诸行动

一、看书就等于长知识吗？

小伟今年又花了很多钱买书和网课。

算一下，他一共买了40多本纸书，买书和买课程的费用创造了历史新高——超过1万元。别以为小伟只看了这40多本书，这只是其中一部分，他还看了很多电子书和从图书馆借阅的书。

“今年总共看了有80多本书了吧！”在路边大排档撸串的时候，说起付费经济，小伟有点骄傲地和小伙伴说。

“哇！这么多书啊，怎么看得完啊？”有一个朋友既羡慕又有点怀疑。

“小伟，好像你还买了‘得到’和‘樊登’的会员吧？你每天都看这些App推送的课程吗？”另一个朋友放下酒杯，问他。

“当然啊，花钱买了就要看的。我觉得很有所获，了解了很多金融知识和历史知识，还在‘得到’学习了一些心理学知识哦！”

“是吧！小伟，好像你又和女朋友分手了吧？读了那么多书，女朋友都不会哄！哈哈……”朋友不怀好意地揶揄他。

“这是两回事，学心理学不一定是为了哄女朋友啊！”小伟反击道。

“那你学来有什么用，女朋友都没有哄好，还学什么心理学啊？”

“两回事嘛，学习不一定是为了懂得哄女朋友啊！”小伟涨红了脸，重复了刚才的话，但不知道怎么反驳。书本上没有写怎么反驳这种质疑。

朋友感觉小伟有点生气了，不敢再接话。

“小楠，听说你升职了哦！”一个朋友对着小伟旁边的小楠说。他想转换一下话题，缓解刚才尴尬的气氛。

当对话的人想办法转换话题时，暗示着其对原来对话内容的否定。

“烦死了，天天加班，累得很！”小楠没有正面回答，但是脸上掩藏不住的喜悦暗示了升职的事实。

“怎么，你也学了不少东西吧？”朋友继续问。

“我没有那么多时间学习，只是偶尔看一些有关自己专业的东西，然后有问题就想办法解决掉，比不上你们那么爱学习！”小楠看到小伟情绪有点低落，想夸奖他。

“爱学习有什么用，没升职、没女朋友！”

“哐！”小伟把酒杯重重放在桌子上，腾地一下站起来，转身走了。

“哎，叫你不要乱说话了，你看，他生气了！”小楠对刚才不怀好意的那个人说。

“不会吧，开玩笑都不行啊，看那么多书有什么用呢？呵呵！来来来，喝酒，喝酒。”

“就是！”另一个人也附和了一句。

“来来来，我们继续喝酒。拿起杯子，为小楠干杯，祝贺他升职。今天小楠买单了哈！”

“干杯！”

小伟听到身后“干杯”的声音，一种凄凉的感觉油然而生。

怎么才算是学知识、长见识？看书能够获得什么知识？

大部分人认为，通过学习（尤其是看书）可以获得知识。自从学会认字，我们就一直在看书，从识记点横竖撇捺、ABCD、1234，到掌握语言符号，再到用语言去理解世界。学会知识后，个人从无知的、幼稚的变成了聪明的、智慧的。

千百年来的经验也告诉人们：“万般皆下品，唯有读书高。”“腹有诗书气自华”成为人们的信条，甚至成为“迷信”——不读书就不会有美好的未来。

当然，这句话在某种意义上（按世俗大众的视角来看）是对的，但我们不能按照机械观念来看待读书这件事情。读书可以增长智慧，但是，只靠“读书”增长智慧是不够的。

为什么只靠“读书”是不够的？

因为读书的目的，不在于记住书本内容，而在于增长智慧！

（一）怎么培养智慧？

也许某人学历不高，也没有留学经历，但他给人很有智慧的感觉。为什么呢？

因为智慧来自人格成长。人格成长有三个维度：

洞察——对自我、他人、社会；

情绪调节——对不确定的接纳和容忍；

动机——超越个人利益，关注他人、社会福祉。

增长了智慧，对个人有什么帮助呢？

很多人会想到升职加薪、关系和谐。智慧增长后，心里的幸福感也会增加。心里的幸福感来自个人成长（体现为更包容、情绪稳定性提升、友好度增加等）、实现目标（体现为升职加薪、事业有成等）和拥有更多的自主性（体现为行动自由度增加、消费自主等）。

既然智慧是这么美好的东西，那怎么才能增长智慧呢？

这就要说到增长智慧的目标。

增长智慧的目标在于适应、塑造和选择个体的环境。斯滕伯格（Sternberg）认为，个体在做事情的时候，不仅需要考虑到自己的利益，还需要平衡他人、组织的利益，满足公众利益（common good）。换句话说，人格成长的一部分来自关注他人福祉。儒家文化强调个人的奋斗目标和发展路径，从管理自己到管理天下——“修身、齐家、治国、平天下”。在佛家故事中，我们也能看到舍身忘我的精神，如佛祖舍身饲虎和地藏菩萨发愿“我不入地狱谁入地狱”。

道家文化重视“天人合一”，模糊自我和环境的界限，注重自我修炼得道后治病救人。千百年来，中医药从业者传承神农尝百草的舍身精神，坚持治病“上以疗君亲之疾，下以救贫贱之厄”的理念。中国文化反映出面对公众利益，个人利益可以被放到次要位置的思想。

明确了增长智慧的目标，那么用什么促成智慧呢？

斯滕伯格提出，施展智慧需要运用内隐知识（implicit knowledge）。

（二）什么是内隐知识?

内隐知识是一种知识体系。很多人通过看书、看小视频来学习，这些知识很碎片化。学习者不分重点，什么都看，结果造成知识不成体系。虽然这些人很努力，但可惜这样的学习效率很低。真正融入自己知识体系里面的知识，才是真知识。内隐知识有三个特点：

第一，程序性，个体可能明确知道，也可能并未意识到。

第二，知识与个体要实现的目标紧密联系。这一点与建构性学习有关。建构性学习有六个特征，其中之一是目标指导。内隐知识必须有主观的目标指导，才能指导个体建构知识。

第三，知识是通过经验或导师（mentor）而非通过教室或书本得来的。

比如，我们需要做龟苓膏，怎么做呢?

第一步，我们需要了解制作的程序。

第二步，我们需要知道购买什么材料、设备以及怎么加热等，以实现制作目标。

第三步，我们需要动手做，而不能停留在想象这一步。

有一个段子：把大象关进冰箱，需要几个步骤？第一步打开冰箱门，第二步把大象装进去，第三步关上冰箱门。大家可以判断一下这个段子的内涵和内隐知识特点的相似性、差异性。

有了内隐知识、智慧的目标，是不是就能够获得智慧了呢?还不行。

罗利（Rowley）认为，智慧是一种做出合适的行为的能力。在实现智慧的过程中，我们要考虑所知道的（内隐知识）以及最有益的事情——主要指伦理和社会方面的事情。按照罗利的表述，我们更加确信，智慧不完全来自书本，而是更多地来自社会，体现为合适的行为。

综合来说，智慧是成长的目标，对公众利益的关注具有跨文化属性和时间纵向传递性，属于人类延续千百年的价值倾向。智慧需要通过实践和行动来获得。

二、思维反刍的负面影响

离开烧烤摊，小伟不知道自己可以去哪里。

出门的时候，他原计划和小伙伴一起撸串到半夜，现在提前离开了，他该去哪里逛呢？

在陌生的城市，他没有家，没有什么朋友，同事关系也不见得有多么好。是不是要离开大都市，回到自己位于农村的老家？关于农村的记忆是那么美好。小伟记得自己小时候可以去田里摸田螺、抓泥鳅，在家乡的河里狗刨式游泳。一切美好的回忆都留在了那个遥远的乡村，逐渐被封存，随着年龄的增长，记忆越来越模糊。

“农村肯定是回不去了，即使回去，又能干什么呢？自己眼睛高度近视，一米之外男女不分，十米之外人畜不分；加上长期坐办公室，手无缚鸡之力，也干不了农活。”小伟心里面很乱，不知道怎么就想起了自己的童年。

人只有在对现实不满意时才会经常想起过去的事情。说起现实，确实也没有什么可以让他满意的。大学毕业后，小伟满心期望能够在社会上立足，功成名就。理想那么丰满，现实却非常骨感。这就好像米洛斯的维纳斯，那么美却失去了双臂。也许残缺的美才是世界的本来面目，人生不就是从一种不完美到另一种不完美吗？

不完美！这个不完美的世界真的让人搞不懂。读书不就是为了更多地了解世界吗？

想起读书，小伟又想起刚刚那一幕——“读了那么多书，女朋友都不会哄……”“哈哈哈哈……”

“这个画面怎么又浮现在脑海里面了？讨厌！”小伟感到一阵愤怒。这种愤怒情绪跑不出去，在心里面徘徊着。这种感觉，就好像上次出租屋里面进来了一只大老鼠，自己赶不出去，也拿老鼠没有办法，只能恨自己没有钱买房子，要住在这种肮脏的、破破烂烂的城中村。

“不去想它，也不去想那些不求上进的家伙。”小伟愤愤地想。还是得回到那个叫作“家”的地方，而他并不认为那是家。

回到出租屋，小伟按照习惯开始订购学习的在线课程。他刚刚打开手机屏幕，又想起那句话：“读了那么多书，女朋友都不会哄！”

“我是不是魔怔了，怎么老是想起这个画面？”

小伟放下手机，拿起一本书，刚打开，又想起那句话。

“算了，今天是学不进去了，早点洗洗睡吧！”洗完澡，他躺在床上，闭上眼睛，还是想起那一句话。后来的几天里，其他事情分散了小伟的注意力，他好像没有那么频繁地想起那句话了，但时不时还是会想起，就这样反反复复。小伟感到自己对学习提不起劲，工作也没有什么动力，就连吃饭也失去了胃口。

小伟心里发生了什么？

他在重复性思考负面事件。心理学把这种反复思考负面事件的做法称为“思维反刍”（rumination），犹如牛羊吃了草料后反复咀嚼消化一般。

（一）什么是思维反刍?

思维反刍是指个人过分关注过去的痛苦记忆和经历（个人感受的痛苦在外人看来也许不应该或没必要），属于一种消极重复的思维。

原美国耶鲁大学心理学和精神病学资深教授诺伦－霍克西玛（Nolen-Hoeksema）的研究显示，思维反刍和抑郁症有直接的关联。思维反刍会引起抑郁，长期无意识地进行思维反刍会加重抑郁症的症状，延长症状持续时间。

思维反刍还和其他精神疾病有关。近期研究显示，思维反刍对创伤后应激障碍（post-traumatic stress disorder, PTSD）、睡眠障碍和饮食障碍等也有影响。

（二）为什么思维反刍会导致抑郁、睡眠障碍、饮食障碍?

首先，思维反刍会使个体具有对消极、负面刺激的注意偏向（attention bias），比如小伟关注朋友对他的揶揄。

其次，关注负面信息又加强了个人的思维反刍，形成恶性循环：负面信息—思维反刍—更多负面信息—思维反刍。

换句话说，采用思维反刍的人会把注意偏向于负面情绪。

（三）什么是注意偏向?

注意偏向分为三部分：

第一，注意定向加速，指个体会更快注意到消极刺激。比如，小伟快速注意到朋友的揶揄，认为朋友们看不起自己，其尊严受到了很大的伤害。

第二，注意脱离损坏，指相较于其他刺激，个体的注意更难离开消极刺激。比如，小伟一旦受到伤害，就一直沉浸在负面情绪中无法自拔，甚至无意识地享受这种低迷状态——也许他从很小的时候就开始习惯这种低迷状态了。

第三，注意回避，指消极刺激出现时，个体不想注意它。比如看恐怖片的时候，有人一看到恐怖画面就会用手遮住双眼。

（四）思维反刍和注意偏向有关吗

我们先把这个问题摆出来。

前面介绍了，注意偏向包括三个部分：使人更快关注消极刺激的“注意定向加速”，沉浸在负面情绪难以自拔的“注意脱离损坏”，主动回避消极刺激的“注意回避”。

注意脱离损坏，可以理解为个人很难从负面情绪状态中脱离出来，以至于一直处于负面情绪状态中，导致抑郁、失眠等症状；而这些症状又加重了注意脱离损坏，使个人反复思考负面信息，变得更抑郁。研究已经证实了思维反刍和注意偏向中的注意脱离损坏有关。

虽然思维反刍、注意脱离损坏都和抑郁有关的观点已得到证实，但我们目前仍然无法确定，是思维反刍导致注意脱离损坏，然后再产生抑郁；还是注意脱离损坏导致思维反刍，再产生抑郁；又或是思维反刍和注意脱离损坏都能独立地导向抑郁。

由于这方面的研究还较新，因此相关的实证研究不多（期待更多心理学家的研究结论）。目前比较明确的是，抑郁反刍（depressive rumination）会加重抑郁情绪。

（五）什么是抑郁反刍?

抑郁反刍是引起和维持抑郁症状的重要因素之一。

和思维反刍一样，抑郁反刍也是指反复思考负面信息。它使个人把注意力集中在抑郁症状以及代表这些症状含义的行为、想法上，包含反复思虑抑郁症状（如思考“我多么失败”）、抑郁的可能原因（如询问自己“为什么我这么可怜，我命不好吗？”），以及抑郁可能引起的后果（如“我如果一直这样下去，就会前途渺茫”）。

抑郁反刍具有很明显的意识特点，表现为三方面：

第一，注意力集中在抑郁症状和想法上。

第二，使人表现出不良反应风格，很难从抑郁情绪中脱离。持续思考负面信息，有可能是因为个人在认知控制方面存在缺陷，很难从负面情绪中转移，从而导致负面情绪持续存在。

第三，负面信息与自我相关。个人总是会把负面信息和自己相联系。比如小伟，当听到朋友说起他人升职时，联想到自己没有升职。

从特点来看，抑郁反刍符合注意偏向的成分，即注意定向加速（很容易注意负面信息）和注意脱离损坏（很难从负面信息中抽离）。

三、从不安到安心——小伟的“情绪调节笔记”

连续几天陷入抑郁情绪，小伟整个人状态都不好了。失眠，每天晚上都很难入睡。睡着了，半夜又醒来，然后很难再睡着。

早上醒来后口干口苦，没胃口，不想吃东西。随便吃一点牛奶麦片出门，上午 10 点左右就饿了，于是找点零食吃，到了午餐时间又不想吃午饭了。

他感到很疲倦。下班回家后，只想躺下，躺在床上刷手机。订阅的课程一点都没看，短视频倒是看了不少，每次看的时间都在一个小时以上。很多视频只是刷一下而已，小伟的心思也不在这上面。

他不想上班，出门前总会想：“这个破公司、蠢领导和蠢同事，真没劲，等我找到好工作就跳槽！”他不想见朋友，自从上次不愉快的聚会后，小伟回绝了朋友们的多次邀约。每每“反刍式”回想起当时窘迫的场面，小伟就觉得很没面子，无地自容。

“我是不是有病啊？是不是得了抑郁症了？”小伟自言自语道。他上网查“抑郁症测试”，搜索页面弹出“抑郁自评量表”。他点进去做了自评，结果显示“重度抑郁”。

“还真是抑郁了！会不会真要命啊？”小伟有点担心自己的生命安全。

人们总是把抑郁症和自杀联系在一起。其实抑郁症不等于自杀——自杀很多时候是由重度抑郁、双相情感障碍导致的。

想到可能有自杀风险，小伟心里感到一阵阵恐惧：自己一直表现得阳光、上进、爱学习、友善，在外人看来就是一个“良好青年”，怎么能够自杀呢？如果自己自杀了，那父母会多么伤心悲痛！想起年迈的父母，小伟内心一阵悲凉，凉意从心脏传到整个腹腔，然后弥漫到背部、脖子和四肢。他整个人感到寒冷，不自主地蜷缩在沙发的一角。

“再这样下去不行啊！”在沙发里蜷缩了一个下午，小伟开始反思自己的行为。

“我这是怎么了，难道就这样消沉下去吗？不行！我要找一些心理学的书，做一些情绪调节。我不信，自己就要这样颓废下去！”

小伟想起以前看过一个心理学视频，是介绍如何管理情绪的。他当时还认真做了笔记。

于是他翻身起来。打开电脑，在本地文件中搜索“情绪调节”，果然找到了“情绪调节笔记”。

情绪调节笔记

2020 年 3 月 13 日

晚上 8:00—9:00，在线课程，主讲嘉宾：吴老师，心理学硕士

知识点：

- 情绪调节过程模型
- 5 个调节方法

一、来自美国心理学家格罗斯的建议

格罗斯是研究情绪、情绪调节的心理学家，是斯坦福大学心理生理学实验室主任，提出了情绪调节过程模型。为了提高个人的情绪调节能力，他认为，人们需要学习一些基本的技巧。

格罗斯等人做了大量实验与测量研究，得出了许多富有价值的结论，对情绪调节研究产生了重要影响。由此，他获得了2001年“美国心理科学青年科学家杰出贡献奖”。他告诉人们，了解如何在特定时刻（情绪波动时）对自己的意识、情绪和行为进行一定程度的控制非常重要。

情绪调节，也被称为“情绪自我调节”，是指在特定时刻对自己的意识、情绪和行为进行一定程度的控制的做法。在非常理想的情况下，人们可以通过保持平和的心态，来防止自己做或说一些让自己陷入被动局面或者情绪失控的、让自己事后很可能会后悔的事情或话语。

这种情绪失控的情况随时可能发生。比如开车路上被人加塞时暴怒，在家里对孩子、爱人、父母大喊大叫，或者在炒股失败后变得非常愤怒。然后，情绪并没有消失。在发脾气后的一天、两天甚至更长的时间里，我们都会保持这种状态。有时候情况还会更糟糕，我们会在负面情绪的影响下做出一些恶劣的行为，比如酗酒、赌博、提出离婚等。

总之，不论是在职场还是在家庭生活中，情绪调节都是一项至关重要的技能。我们认为情绪调节是一种技能，而不是理论，通过训练，人人都可以学会情绪调节。没有神秘的理论，也不需要相信哪位心理学家、哲学家或社会学家的观点，我们可以用大众都能够学会的方式去提升自己的情绪调节技能。

说起来，这些训练非常简单。

不得不承认，我们生活的环境中到处充满了压力。不论是在家还是在单位，总是有刺激事件让人产生压力。比如，自己刚刚约了爱人一起吃晚餐，可是领导突然提出要加班，这必然会让人产生压力。

在我们长期的学习经历中，没有一门课程教授我们如何管理情绪。父母也不会专门和孩子探讨如何让自己的情绪更稳定。尤其是处于青春期早期和中期的孩子们，他们体内荷尔蒙分泌旺盛，自我意识开始增强。若父母还以为孩子必须听长辈的，则必然导致“父母要求”和“青少年自我意识”之间的冲突。这对双方来说，都是压力。

对于孩子来说，情绪调节的第一步不是处理情绪，而是知道自己处在什么情绪中，做到自我觉察，然后学会理解情绪和进一步处理情绪。如果连第一步都做不到，那么情绪很可能会弥漫到无法控制。如果孩子能够自我觉察情绪，说明其可以客体化地处理情绪，即客体化地处理自我和环境之间的冲突，以实现去自我中心的目标。当然，这个目标是非常难以实现的，许多成人也达不到去自我中心的状态。

父母不仅需要和孩子一起觉察情绪，还需要告诉孩子以下几点：

- 如何开诚布公地和身边的人讨论情绪；
- 如何理解情绪的来源；
- 如何不让情绪影响自己的工作和生活；
- 如何让情绪稳定。

在告诉孩子做到这上面的几点之前，父母先要做到才行，这样父母才能建立正确的情绪调节模式，成为孩子学习的榜样。

是不是压抑情绪就好了呢？我们是不是真的完全控制了情绪呢？并不是。

情绪来去自如，有时候不知道怎么就来了，有时候也不知怎么就消失了。我们是情绪的载体，但并不能完全控制情绪；就好像地球是天气现象的载体，但是地球不能完全控制天气一样。

情绪是有害的吗？也许有人这么认为。但若没有情绪，人生会很无趣吧。比如，看一部悲剧电影，需要体会角色的情感，如果不带情绪，那么看电影还有什么趣味呢？

格罗斯认为，在特定的氛围里，情绪可能有好处，也可能有害处。情绪的价值，取决于环境。那些认为自己无法控制情绪的观点或者认为情绪可以完全被控制的观点，都是错误的。

情绪发生时经常伴随着生理反应。愤怒的时候，心跳会加速、血压会上升、呼吸频率会加快。也许有人认为，愤怒情绪产生后，就需要马上被压制。其实不是这样的。如果愤怒情绪已经产生，那采取压抑的方式会损害心理和生理健康。

很多实验证实，压抑负面情绪并不是真的让负面情绪消失了，个人依然能够体验到负面情绪。心理学研究显示，压抑愤怒会导致记忆功能受损。

问题来了：不能发泄情绪，也不能压抑情绪，那么该怎么处理情绪呢？

二、情绪调节过程模型

格罗斯认为，情绪调节是“个体对具有什么样的情绪、情绪什么时候产生、如何进行情绪体验与表达施加影响的过程”。我们不是要发泄或者压抑情绪，而是要找到合适的策略来让自己和情绪共处，知道情绪是怎么来的，然后让情绪自然地消失掉。这需要个人能够自主地选择不同的情绪处理策略，而不是只采用一种策略。

那么，都有哪些策略呢？我们在前面的文章中简单介绍了格罗斯的情绪调节过程模型，这章将重点解释这个模型。

情绪调节的五个步骤是：情景选择、情景修正、注意分配、认知改变、反应调整。反应调整是唯一发生在情绪产生后的行为调节。

情景选择

什么是情景选择？

情景选择就是选择情境，表示个人有主动选择情景的权力。比如有人加塞，你可以让他/她先走，避开他/她的车，然后再行驶。没有必要跟上去和对方并排，然后还要骂几句、竖中指、吐口水。

情景选择就是避开那些导致负面情绪的人、事物和地方。“惹不起咱们躲得起！”我就曾经遇到过一些很变态的人，他们到了某一个环境里面总是大声说话、颐指气使。这时候，我会选择走开。人与人之间的相处，有时候就看自己舒不舒服——如果不舒服，就选择离开。如果和某些人在一起会给你带来压力，那就尽量不要和他们在一起。除非你有受虐倾向，或者需要从这些人身上获取非常大的利益。

采用情景选择策略，可以让我们感觉到更强的自主性，提前决定自己进入或者不进入某一个情景。我们要相信，情景完全是可以建构的，就好比氛围是可以营造的一样。我们如果构建了让自己舒适的情景，就会感受到更多的积极情绪，而不至于让自己陷入长期的负面情绪中。

情景修正

个人完全可以选择情绪的方向和强度。

什么是选择情绪的方向？如果生病了，大多数人会选择悲伤，但是我们也可以选择平静。比如，我们可以想，生病了就可以有更多的时间待在家里。

以此类推。

福祸相依，互相转化。

什么是情绪强度？当情绪产生时，你可以调节情绪的强度，就好比播放音乐时，你可以选择把音响的声音调节到最大还是最小。采用情绪调节策略，可以自己决定开心或者不开心。

正所谓“我命由我不由天”，我的情绪由我，不由他人！

注意分配

如果情绪的产生真的无可避免，那么我们只能采用注意分配策略。

什么是注意分配？

比如，孩子期末考试考差了，而期末考成绩对你很重要，你感到自己要发怒了。

这时候，情绪调节策略也不管用了，你已经无法调节情绪。那么，你可以尝试把注意力分散到其他地方去。比如去运动一下，或者去买菜、去咖啡馆喝一杯咖啡等。分散注意力的方法有很多，就看你愿不愿意了。

心理学家格罗斯认为，注意力是到达情绪的通道。当你把注意力分散到其他地方时，原来的刺激事件就不可能再带动情绪了，原来的情绪就会被搁置。也许去逛了街，买了美美的衣服，喝了一杯咖啡，回到家之后，你会发现情绪好了很多，孩子的考试成绩似乎也没那么重要了。

格罗斯说：“改变注意力的方向，就会改变情绪。注意力是一种调节情绪的工具，采用这种工具，个人就能把情绪导向另一个方面。”

认知改变

什么是认知改变？与注意分配类似，认知改变是个人对正在思考的内容进行有意识的转变。

这句话有点难理解。我们举一个例子。

上班的时候，有一个非常讨厌的客户一直在打电话抱怨产品问题。但事实是，产品没有大问题，是客户在故意挑毛病。这时候，客户经理也许已经非常不耐烦了，但是又不能挂掉客户的电话。怎么办呢？

他可以改变自己正在思考的内容，由“这是一个吹毛求疵的客户”改变为“这么难搞的客户，我试一试摆平他 / 她”。客户经理的思考内容由被动应付转为主动处理。相应地，情绪也会稳定一些。

有一次参加企业管理论坛，我和朋友讨论了日常数据的偏差：在日常管理中，有一些数据与平均数相差很多。如何发现并处理这些数据？

我们可以认为这些数据是故障，但这有可能让自己陷入焦虑，因为数据偏离常态太多了。我们也可以换一种思考方式，认为这些数据是机会——要么是改善管理的机会，要么是发现新业务的机会。总之，偏离常态就是奇异值。

你如果改变你的思维，就会改变你的情绪。

反应调整

什么是反应调整？反应调整是指当自己的情绪被激发以后，

个人对情绪反应采取一定的干预，主要表现为控制情绪反应的行为表达。换言之，压抑住情绪或者调节情绪的表达方式。

比如，当领导误解你，批评你做得不对时，应该怎么办？你可以先压抑住情绪，然后回到工位上生闷气；也可以先不反驳，回到工位想一想怎么和领导解释，消除误会。

小伟看完了笔记，合上电脑，开始默默地想办法调节情绪。过了一会儿，他拨通了好朋友小楠的电话：“喂，小楠，什么时候有空，咱们约……”

如何停止消极的思想或经历的循环？

一、明知道越想越气，为什么还要继续想

李进名来到咨询室后一直低着头，不敢看咨询师的眼睛。

“请问你感觉怎么样呢？”

“没什么，就是觉得不开心！”李进名低头摆弄着自己的手机。他没有解锁手机，只是用手指在屏幕上滑动。这个微动作表达了他内心的焦虑和不安。

“能说一说为什么不开心吗？”

“嗯，”他沉默了一会儿，大约有半分钟的样子，继续说，“上次被朋友取笑后差一点和他动手，然后就一直都不开心。”

“你怎么被取笑的呢？”咨询师追问。继续追问可以获取来访者更多的个人生活信息。来访者如果开始自我叙述，则说明其心理防线已经被打开。

李进名把前几天发生的事情简要地叙述了一遍。事情是这样的：他和几个朋友一起出去吃饭，当天饭局是 AA 制，到了付款的时候，由其中一位朋友张可先付款结账。当天总共消费 548 元，6 个人平分，每个人应付 91.33 元。大家要转账给买单

的张可。可是，李进名的微信和支付宝都没有钱了，只有银行卡里有钱，但是他怎么都无法绑定成功。

张可笑着说："阿名，你不会赖账吧?！"

张可旁边的伍军跟着说："就是就是，阿名上次也没给钱，不是又要赖账吧！哈哈！"

李进名本来就因为一直无法成功绑定银行卡而有点烦躁，还被他们取笑，于是气不打一处来："怎么会，我什么时候赖账了，阿军你讲清楚。"说完腾地一下就站了起来。

伍军当时喝了酒，看到李进名站起来，以为他要动手，就随手把桌上装了啤酒的塑料酒杯扔向李进名。另外几个朋友看到情况不妙，赶紧做和事老，这边按住李进名，那边拉住伍军，生怕他们两个打起来。最后大家不欢而散。

李进名回去后越想越气，闷头睡下。隔天早上醒来，他口干舌燥，眼睛充满血丝，两肋作痛。后来几天，李进名每天都想着酒席上和他们几个吵架这些乱七八糟的事情。

二、减少思维反刍，走出负面情绪体验

你是不是会陷入不断重复咀嚼一些不好的想法的状态？这就是思维反刍。

一些不好的情绪和不好的经历会在我们的生活当中重复出现。比如，和上司不断地发生冲突，和爱人不断地吵架、冷战，这些都被称为反刍体验。

为了摆脱这些不好的思维和体验，我们可以通过正念冥想、社交或运动来转移注意力。

（一）怎样理解思维反刍？

第一，要明确思维反刍不是一种好的思维方式，而是一种适应不良的反应风格。

第二，思维反刍的特点是重复地思考，思考的内容一般是消极的。

第三，采用思维反刍时，个体不仅思考事件本身，还会反复思考事件的结果。

第四，虽然要经历反复思考，但是个体好像有点“享受”这种状态，并不会积极地去解决。

（二）思维反刍有什么后果？

也许大家很容易理解思维反刍和消极情绪的密切关系。研究发现，思维反刍不仅与青少年手机成瘾、睡眠质量降低有关，而且会导致青少年出现自杀意念，甚至在现实中和网络上做出攻击行为等。思维反刍是诱发青少年网络攻击行为的主要原因之一。

思维反刍会带来不好的情绪。在一次又一次地体验和思考负面的情绪和事情后，注意力也可能会持续被这些负面情绪吸引，使人反反复复想下去。

如果不对这种思维反刍做干预处理的话，那么负面情绪和感受会越来越多，你有可能抽离不出这种情绪，也有可能摆脱不了负面情绪带来的影响。结果就是，你要花越来越多的时间和精力去处理、反思这些负面情绪及负面体验。与此同时，负面情绪带来的是对身心健康的危害，这有可能会影响你的工作、人际关系、社交等。

（三）思维反刍带来反刍体验

反刍体验是不断重复的体验，尤其是指消极的、悲伤的、愤怒的体验。人们虽然在不同的环境面对不同的人、事、物时，会有不同的情绪，但是一旦想到某些事情，就会产生消极情绪。

那是不是也有一些积极的情绪体验呢？有，但是不多。这样看来，积极的情绪体验真的不容易获取。正因为难得，所以人们才会特别珍惜。

在亲密关系中，不良的内部工作模式是导致反刍体验的原因。可以理解为，不良的内部工作模式是负面情绪的生产线，会持续不断地生产负面情绪，使人产生焦虑、恐惧等消极情绪。这些情绪有两种处理方式：宣泄、压抑。

此外，还有一种较为安全的策略：认知重评。不过这种方式不太容易掌握，一般需要在咨询师的引导下进行，或者在自行学习依恋理论后逐渐练习掌握。

（四）创伤经历与反刍

个体在成长的过程中，可能会经历某些创伤事件，例如地震、交通事故、性侵犯等。有研究发现，40%—60% 的人在其一生中至少会经历一次创伤事件。经历创伤事件可能会引发许多消极的心理反应，如创伤后应激障碍、抑郁、焦虑等。反复思考创伤事件及其后果的心理过程也称反刍，它包括侵入性反刍和主动反刍两种形式。

什么是侵入性反刍？侵入性反刍是指创伤事件在人们不期望的状态下侵入意识中。比如，有一些被性侵的女生会突然从睡梦中惊醒。

什么是主动反刍？主动反刍是指有意识地对事件进行重复思考，是人们主动而有目的地重新检测和思考事件及其相关线索的过程。比如，目睹了亲人自杀的人会反复思考亲人为什么要伤害自己。

三、经历创伤后怎么成长？

除了创伤后遗症的负面影响，经历创伤也可能激发积极的心理反应，如创伤后成长（posttraumatic growth, PTG）。

创伤后成长必然涉及心理变化。和创伤后遗症（焦虑、抑郁等）不一样，PTG 能够让人们感受到个人和生活困难艰辛对抗后得到的积极的心理变化，包括对自我的认识改变、人际关系改善，以及对生命意义、生命价值的理解。

（一）PTG 怎么促进个人成长？

心理学家认为，创伤事件对个体核心信念系统的挑战，增加了其认知系统变化的可能性，有助于其认识先前没有意识到的力量，增加其对未来可能性创伤的心理准备，优化其对现实的认知，从而帮助其积极建构对世界的理解，实现个人成长。

（二）什么是核心信念？

核心信念（core belief），是指人们对自我、他人和世界的基本假设和信念。它能够指导人们的思考和行为（心理学名词，指有机体在各种内外部刺激影响下产生的活动），帮助人们厘清事件发生的原因。例如，人们会根据自己的信念思考怎么做事情，事情会怎么推进，以及相信自己有能力影响事件的发展。

当人们经历了创伤事件后，核心信念就会被挑战，个人对自我、他人、世界的假设和信念就会发生一些改变。由于所经历的创伤事件动摇了其原有的核心信念系统，因此个人不得不面对核心信念挑战（core belief challenge）。为了适应新的环境，个人不得不重新审视自我、他人和世界。核心信念受到的挑战越大，其发生变化的可能性也越大，个体就越有可能出现创伤后的积极变化。

（三）核心信念怎么对抗创伤反刍？

在有关创伤的认知理论中，贾诺夫 – 布尔曼（Janoff-Bulman）提出的假定撼动理论影响较大。该理论认为，人们具有关于自我、他人和世界的核心信念，以此引导自己日常的思考和行为。核心信念包括三部分：

第一，世界是美好的、良善的。人们相信世界上的人天性善良，相信发生在自己身上的事多为好事。

第二，世界是有意义的。事件的发生总是可以用正义法则和控制法则解释，即人们认为正义永远可以战胜邪恶。同样，人们认为自己可以通过努力控制发生的事，以使其朝着好的方向发展。

第三，自己是有价值的人。人们认为自己的本性善良，认为自己比他人更优秀。

假定撼动理论认为，重大的创伤事件会撼动个体的核心信念，迫使个体改变原先的基本假设和信念，建立一个新的、更“抗震”的信念体系。因此，创伤经历者对自己、他人和世界的认识会更多元一些。该理论进一步指出，个体在经历创伤前的基本假设和信念越正向，其在经历创伤后遭到破坏的情况就越严重，越易产生强烈的焦虑情绪。然而，这些人亘建新的、正向的核心信念并不难，因为孕育正向假设的心理结构、历史和社会环境有助于他们重建新的、稳定的信念体系。

核心信念挑战可以直接正向预测创伤后成长。

人们在经历创伤事件后需要问自己：“这个（创伤）事件所带来的影响非常大，以至于我自己的内心世界都受到了撼动，甚至我原有的信念和看法都被颠覆了。在这些事情发生后，我是否会重新审视自己的信念和看法？”

人格成长——必经的苦难

一、性格变化与人际冲突处理

人到了中年后，性格会和年轻时的一样吗？还是说性格会在人进入成年中后期持续变化？

数十年来，性格是稳定的还是变化的这一问题引起了心理学家们激烈的讨论。最新的进展是，人们基于跨文化研究和纵向研究证据达成了共识：个人在成年中期和后期确实会发生性格改变。

许多学者认为，个人生命周期前后的性格变化标记着个性成熟或成长。大五人格量表分析显示，成长后个人的神经质减弱，责任心和友好度增加。

那么，不同年龄的人对于人际冲突会采取怎样的方式呢？

先来看一个案例："我刚结婚，每晚 9:30 到 11:30 的某个时刻，丈夫总会'提醒'我该睡觉了。如果我先睡，他就会很生气。如果他想睡了，而我想把书看完再睡，或想多看会电视，他也会很生气。我试图和他商量这件事，但他强调说结婚后必须'一起'就寝。但总听他的安排，那我呢？就这样，我们都带着怒气入睡。为了化解彼此的抱怨，我们该怎么办呢？”

人在不同的年龄阶段，对于这类人际冲突问题采取的策略会不一样。

一般来说，年轻夫妻会更多采取“强调自我利益模式”，即“我的利益最大化”。两人都以“我”为中心，认为他人必须服从“我”的诉求。

和谐相处多年的夫妻更多采取“共同利益模式”，即“我的利益很重要，对方的利益也很重要”。两人会追求共同的利益，在不损害对方利益的前提下，使自我利益得到保障。

以家务活的分配为例。年轻夫妻经常会机械地规定哪些家务归哪个人负责——我买菜、你做饭，我洗碗、你扫地。机械死板的规则往往貌似非常合理，但是总有一些规则会因为突发事件而被打破。例如，当某人身体不适时，是否还需要坚守规则？如果不遵守规则，是否需要重新制订规则？

夫妻之间，特别是初婚夫妻之间的人际冲突事件层出不穷，一般涉及家务分配、姻亲关系、婆媳关系、财务分配、理财计划、生活习惯等。有研究显示，婚后第三年的离婚率最高，其中有经济原因、社会压力原因等。当然，这些问题的处理取决于夫妻处理人际冲突的智慧。

二、处理人际冲突的智慧

关于“智慧”的定义，心理学家各抒己见，提出了不同的观点，我个人认同傅绪荣的定义。

傅绪荣认为，智慧和智力不一样，属于综合的心理素质。当个人拥有智慧后，能够对生活中的人、事进行洞察和判断。

更重要的是，个人能够凭借自我的智慧，豁达而睿智地看待自己的人生，并且能够战略性地部署人生发展，逐渐展现人生的精彩。有智慧的人也会遇到困难和挑战，也会有自己难以处理的事务，但其在面对复杂问题情境的时候，能够做出适当的行为，不至于让自己深陷其中而困苦不堪、难以自拔。

在面对困境的时候，智慧的人有一种怜悯之心，常常基于有良知的初心，以正义的视角，创新地、符合社会伦理地、灵活巧妙地解决困难和问题（不是投机取巧）。其既不会损害他人利益，也不会强取豪夺地占有他人福祉，更不会中饱私囊，而会最大限度地扩大各方利益，构建一种多方共赢的和谐氛围，长久地增进他人和社会或自己、他人和社会的福祉。

三、在磨难中修炼人生智慧

成长在于磨炼。智慧人格发展分为两条路径：人格适应（personality adaptation）与人格成长（personality growth）。“心平只为折磨多”——人生过程中经历的磨炼多了、折磨多了、失意多了，自然心也平了。

2020—2021 年，人类社会发生了前所未有的巨变。此种巨变不仅让人面临困苦，也面临恐惧，有些人甚至经历着生离死别。有的人在 2020 年所经历的苦难以叙述，也无法完全表达。个中滋味，如人饮水，冷暖自知。

灾难和苦楚，让人心碎，也让人成长。虽然遭受重大人生挫折（如离婚、患重大疾病、丧亲等）会引发较长时间的消极情绪，但吊诡的是，正是对这些人生挫折的反思促进了智慧的形成和发展。由此，智慧经常被与不快乐联系在一起。

因此，获得智慧并不是一件轻松愉快的事情，需要付出一定的代价。基于人格成长观，研究者认为，一些经历人生逆境的个体虽然短期内幸福感会下降，但是会对诸多人生或世界的根本问题进行深入思考，并获得新的认识。由此，他们才可能获得更持久稳定的幸福感，走上智慧得福的路径。

是什么力量让我们坚强
是什么离去让我们悲伤
是什么付出让我们坦荡
是什么结束让我们成长

——李健《月光》

“气傲皆因经历少。”智慧者看透了人类面临的现实困境和自我的渺小或局限性，所以不会感到快乐。对普通人而言，对现实维持一种美好的幻觉会让他们更易获得幸福。

儒家强调个人成长要经历苦难，“苦其心志，劳其筋骨，饿其体肤，空乏其身，行拂乱其所为，所以动心忍性，曾益其所不能”。要承担重大使命的人，必然要经历苦难，才能努力奋发。“动心忍性”中的“动心”，可以理解为发动自己的初心，寻找自己作为“人”的社会属性，然后确定自己的人生使命，努力实现自己的愿景。

为了实现愿景，人可以“忍”。当然，这种忍耐，不是憋屈，也不是怨恨，而是一种为了实现自我目标，忽视生活窘境、忽视低自尊状态、忽视世俗眼光的战略性妥协。此时，人们不会计较工作条件是否艰辛，薪水收入是否丰厚，不会讨好他人，而是在更高维度俯视自己和环境的关系。

按照詹姆斯（James）的说法，自我既可以采用体验者视角“I”（主体视角，“我”作为当事人），也可以采用观察者视角“me”（客体视角，“我”作为被观察对象）。在面临具体情境时，这种由“I”到“me”的转换可以让自我意识降低，从而转到“无我”视角。把自己当作一个观察对象来认知，既能够觉察到自己的情绪，也能够处理情绪。

一旦采用认知处理，那么情绪所占用的脑部资源就将让位于认知，使自己能够从第三方视角分析判断自己所处的困境是什么、该怎么办、预期会产生什么结果等。这会使人将本属于自己的困境或冲突等同于第三方遇到的困境或冲突来思考。

这个道理类似于所罗门悖论（Solomon's paradox），即个体对他人遇到的困境可以给出明智的建议，但无法智慧地处理自身遇到的困境。

心理学家塞尔（Searle）认为，处理人际之间的事物纠纷，应该采取“本体”的思路，打破自我意识的偏见，从权力、责任和义务的维度发掘事物的本质属性，即应该采取法律的方式解决纠纷。

时间一年一年地过去，留给我们的是积极影响，还是消极影响？从中获得的是成长，还是停滞？自我是开放的，还是封闭的？

在时间不可逆的流逝中，好的、不好的都过去了，开心和不开心都体验了，唯有人格的成长，就好像一颗种子，深埋在个人的心田。也许是今天，也许是明天，种子会发芽破土而出，展现出个人的智慧。到那时，我们的人生轨迹必将与他人的不同。

生活的艰辛程度、幸福感水平会随着人生阶段的变化而变化。不管怎么样，时间会记录一切，人生总会按照智慧的轨迹发展。而幸福感，会促进智慧的发展。

在开始的时候，艰难的生活经历可能会暂时压抑幸福。但只要保持努力和上进，随着时间的流逝，上天不欺，智慧总会充实着生活。

自我实现：
让别人幸福就是让自己幸福

一、为什么明明很用心却怎么也管不好人？

小美是一个公司白领，大学学的专业是园林设计，毕业后到了一家展览策划公司。到2020年年底，她进入职场已经三年半了。在这三年半里，她前两年熟悉公司业务，现在逐渐能够独当一面了。

公司领导看到小美工作认真负责，能够把园林设计的理念应用到场馆展览的工作中，比如在展馆中增加中式园林风格，从而大大提升了展馆的文化氛围和客户满意度。

到了2021年年初，公司决定把小美提拔到主管级别，让她负责项目策划和运作。职位提升了，薪酬当然也得到了增加，更重要的是，小美觉得自己的能力得到了大家的认可。在宣布提拔的当天，她的直属领导忠哥找她谈话。

“小美，这段时间你的工作做得不错，公司决定给你更多的机会锻炼一下。”

“忠哥，谢谢您的帮助，我会加油的。”

“嗯，我相信你会努力的。有什么困难要主动来找我。”

“好的。有问题一定找您帮忙！”

小美当上主管后，真的遇到困难了。首先是项目管理经验不足。小美没有单独统筹项目的经验，不能按时完成接手的工作。这使得她在项目交付前不仅自己要通宵加班，还牵连同事和施工队一起通宵，同事们的怨言多起来。其次是费用超标。由于经验不足，小美的项目经常遇到改版、再版、返工等问题。本来项目预算刚刚够用，返工几次后，预算不足，导致项目亏损。最后是客户需求调研不足。以前小美只要做好设计就够了，有足够的时间了解客户需求。她在这方面做得还挺好，和客户沟通很顺畅，基本上能够把握客户需求。可是担任主管后，小美和客户沟通的时间少了，致使她有时候会误解客户需求，做出来的东西让客户不满意。

小美经常熬夜导致睡眠不足，大把大把地掉头发，脸色也变差了，并且不规律的饮食致使她的老胃病又犯了。医生开的香砂养胃丸，小美吃了好几瓶，本来胃痛有所缓解，可是最近工作压力大，导致胃痛时不时就发作一次。“不能继续这样，这会要我的命哟。还是得找忠哥！”在一次翻江倒海的胃痛后，小美决定寻求援助。

第二天上班，小美去忠哥办公室。

“忠哥，我好像做不来项目主管哦！”

“看出来了，你在扛。你知道问题在哪里吗？”

“啊，您看出来了，怎么不早说啊？！”小美既惊讶，又有点埋怨。

“是啊，我看出来了，并且说过，但你当时听不进去。多说无益！”忠哥摊开双手表示自己很无奈。

“这样啊！请您再给我说一下！”小美有点诧异——自己不至于听不进去意见吧！

“你的问题倒是不大，主要在于你太注重眼前利益而缺乏大局观。举个例子吧，我们和施工队之间的关系是甲方和乙方的关系，我们提需求，他们来施工。甲方要对乙方的费用控制得严格一些。你做得怎么样？”

“是啊，我控制得很严格的。忠哥，我可没有浪费公司的钱啊！”

“我倒不是说你浪费钱，而是说你管理得太严格了，反而不利于工作。比如，施工队到现场后，可以买一些水给工人，这样他们也会感受到你的热忱。大家都是人，多一些感情交流，做起事情来会顺畅一些。”

“我担心费用不够，不敢给他们买水。”小美觉得有点冤枉。

“看上去是我们掏钱给工人买水，其实如果和工人们沟通好了，他们做事情也会认真一些，这样也可以降低返工率嘛。”忠哥笑着说。

“忠哥很狡猾哦，姜还是老的辣！那要不要给施工队买饭啊？”小美好像有点懂忠哥的管理思路了。

“看情况，如果施工队做事情很用心，那我们可以买饭，这样也可以起到鼓励的效果；如果他们做事情不用心，那我们可以和施工负责人沟通，提出咱们的要求。胡萝卜和大棒要一起使用，小姑娘懂了吧？”看到小美理解能力很好，忠哥也有点开心。

“晓得了，忠哥。多谢提醒！”

小美按照忠哥的建议，更多关注施工队的需求，返工率果然降低了很多。

二、关心他人有助于达到自我实现的目标

关心他人的最终目标是提升自我幸福感。

提升自我幸福感需要弘扬公正、关爱他人等美德，需要平衡自我与他人的福祉。在帮助他人的过程中，人们才能够达到自我实现的目标。

心理学家马斯洛在人类动机理论中提出：自我实现是最高阶的动机。马斯洛认为，动机理论符合詹姆斯和杜威（Dewey）的机能主义。当生理需要、安全需要、归属与爱的需要、尊重需要都得到满足时，人们还会继续寻求新的满足，以缓解不安。

如果说前面四种需要具有统一性（比如生理需要：饿了要吃东西、渴了要喝水），那么自我实现的需要具有明显的个性。马斯洛认为，自我实现的需要必须忠实于个体的本性。

诗人需要写诗，作曲家需要作曲，医生需要治病救人：个体根据自己的需要做着适合自己做的事情。虽然做事情除了出于兴趣，还有可能是为了谋生（你也许不喜欢自己做的事情），但是世界这么大，个体总能找到适合自己做的事情，并且乐在其中（做事情的过程不是娱乐，而是创造）。

三、让别人幸福的同时也能让自己幸福

亚里士多德认为，人生的最终目的是幸福，个人可以通过自我实现获得真正的幸福；而享乐不会产生幸福，个人也不能够一味市侩地趋利避害，对人与人之间的交易锱铢必较。幸福必然来自自我实现。

最早提出“自我实现”的是心理学家戈尔茨坦（Goldstein）。

戈尔茨坦认为个体有有别于其他个体的独特的潜力（每个人都有特点和优点）。个体的潜力需要被激发出来，每个人都有希望按照最佳的方式发挥自我潜力。

如何能够看到他人的潜力呢？

戈尔茨坦认为可以通过观察个体喜欢做什么、做成了什么、目标是什么来判断个人的潜力。马斯洛基于戈尔茨坦的观点进一步提出，自我实现是自我发挥和自我完成的欲望，也就是一种使人的潜力得以发挥的倾向。

从两位心理学家对自我实现的定义中，我们可以看出，戈尔茨坦认为自我实现属于一种特质，这个观点和沃特曼（Waterman）的一致，即自我实现是指个体能认识到自身的价值所在，实现自己真正的与最大的潜能；马斯洛认为自我实现属于动机。

综合戈尔茨坦和马斯洛的观点：当个人具有潜力并且具有动机时，就有可能做到既实现自己，又帮助他人。

每个人自我实现的潜能不同。完成自我实现的个体并不一定会取得客观的卓越成就，但一般会体验到持久稳定的幸福，并达到一种内心充实、满足与平静的人生境界。

按照智慧概念提出者斯滕伯格的观点，个人智慧是人格发展的最终目标。

我们已经知道，人格成长会提升和实现个人的智慧。人格成长的三个维度中就有“超越个人自我利益并关注他人与社会福祉的动机取向”。

因此，我们可以认为，关心他人福祉是自我人格成长的必要条件，可以让人获得自我实现的幸福感，促进自我智慧的增长。如此循环反复，就能开启人格成长的螺旋上升通道。

怎么活才有意义？

一、有钱人为什么活着活着就觉得没意思了？

一个阳光明媚的上午，我在家里观赏自己种的多肉植物。这些植物长得很好，不需要怎么养护，也能肥嘟嘟的。它们只需要阳光。

今天天气很好。大家都去上班了，小区里面人很少，我正好可以出去跑跑步，再去买菜，然后回家继续写我的书稿。出版社的小李已经催了好多次了，我也得抓紧一些。

我站起来，刚准备换跑步穿的衣服时，家里的电话铃响了。我家里电话的号码，很少有人知道，大家一般都打我手机或者用微信联系。能打电话找我的肯定是熟人，要么是亲人，要么是非常要好的朋友。

我拿起电话："喂？"

对方说："老吴，在家呢，手机也不开啊？忙啥啊？"

我听出来了，是我的好朋友，张晓东。

我说："东哥，早啊，手机还没来得及开机，有啥事？"

晓东说："我最近得了一款好茶，人家送的武夷山肉桂。

送的人说是牛栏坑，你家在武夷山有茶山，你知道怎么品茶，来一起品品呗！今天有空吗？我们一起喝喝茶，谈谈人生？”

我心里想，他这么早打电话来找我喝茶，肯定有什么事情。上一次约我吃饭，我帮他搞定了孩子考试焦虑症的事；这次约我喝茶，估计又是有什么心事了。

我回答说：“东哥约喝茶，一定要去的啊！好的，我开车去你家是吧？”（他家离我家不远，走路也只用 15 分钟。）

晓东说：“不去我家，去我的会所。我最近在佛山打理了一个庄园，自己人可以去喝喝茶、吃吃饭。你今天不要开车了，晚上我们一起喝喝酒，你住下。我叫司机去你家接你，司机的电话等会我微信发你，他到了会跟你联系。”

我说：“这样啊，我今天准备写点东西，要不改天再喝？”

晓东说：“没事，你把笔记本带来，下午可以在这里写。我给你安排一个单独的房间。来吧老弟，好久没见了，你也帮我看看园子要怎么装修布置。”

听他语气很迫切，我想，既然下午也能写，那就去一趟呗。于是我就答应他了。刚放下电话不久，司机就打电话来，跟我核对了地址，说大约半小时能到。意思是，半小时后我就得从家里出发了。我收拾了一下换洗的衣服，并带上了笔记本。在约定的时间，一辆黑色宾利车停在约定的地点。司机看到我走过去，赶紧下车帮我开门。富豪的司机一般都经过培训，不会透露太多有关雇主的事情，我也就不向他打听什么消息了。我和司机一路无语。从广州去佛山的路程不远，1 个小时就到了。

晓东见到我，连忙站起来，拍着我的肩膀说：“老弟你怎么吃不胖啊！一点啤酒肚都没有。你看看我，肚子好大，我感觉自己真的是中年油腻男人了。哈哈！”

我说：“东哥，你是心宽体胖嘛！哪里像我，整天操心那么多事情，心事多，当然消耗的也多。我也想胖啊！”

坐下后，他一边沏茶，一边说：“老吴，这次请你来，不完全是为了喝茶，老哥心里有些事没想明白，想向你请教一下。”

我说：“哪方面的事情呢？”

凭借多年交情，我们之间不需要客套。他直接说事情，我也就直接问，这样效率会更高一些。

他说：“我最近觉得人生没什么意思，也不知道为什么。我总觉得钱也够花了，生意吧，也就这样，老婆孩子的事情，我也不想管了，他们自己爱怎么弄就怎么弄。我不是嫌弃他们啊，我是觉得每个人都有自己的思想，只要不违法、不违反道德准则，都是可以的。你看啊，我衣食无忧，身体也还健康，家庭也算是幸福。可是，我怎么就没有生活的动力了呢？”

我问：“东哥，你是不是觉得吃饭也没胃口，也不想出去走走，整个人都是一副很懒的样子呢？”

他回答说：“是啊。我们这里的厨师做饭还是蛮好的，是我从五星级酒店高薪聘请过来的。可是，我最近觉得饭菜都不香了。我也不知道是为什么。”

我问：“你这样子大概有多久了？”

他说：“有半个月了吧。半个月前，我一位非常要好的朋友，你也认识的，就是那个孙总，在家里猝死。我去参加了他的葬礼，回家之后，好像就这样了。”

我说：“还有什么其他事情吗？比如，和嫂子吵架，或者生意上遇到挫折。”

“没有了，其他都很正常。你嫂子还问我：‘怎么回事啊，哪里不舒服？’”

我说："大概知道了，我帮你分析分析。"

心理学解释

人们遇到涉及死亡的情境时，会启动死亡意念。死亡是每个人都要面对的问题，当然，人们只有具备一定的认知能力，才能理解死亡的必然。如何认识死亡在人类的心理进化史上具有重要的意义。几乎所有的宗教都宣称：死亡之后，精神不灭。这种宗教教义，极大地减轻了人类对于死亡的恐惧。

什么会让人们产生死亡的意识呢？

人们并不需要亲身经历死亡，也不一定要遇见死亡，不确定感就足以让人们产生很多的负面情绪。不确定感既会使人们丧失安全感，出现典型的厌恶和不舒适感，也会使人们觉得对于身边的人、事、物等环境缺乏可控感和可预测性。不确定感的体验对个人来说有一定的死亡凸显效应（mortality salience effect）。死亡凸显效应是一个核心概念，能够唤醒人们对自己必将死亡这一问题的思考。我们可以认为，由不确定感启动的死亡凸显效应隐藏在无意识层面，非常隐蔽。它可以通过情绪表达，也可以通过梦境表达。很多人会在长期的不确定体验过程中做噩梦，大部分的梦和恐惧、焦虑等情绪有关。

大量研究证明，死亡也许并不是可以启动死亡凸显效应的唯一刺激。一些不基于死亡的刺激，例如不确定感、自尊威胁、社会排斥、亲密关系丧失等，也会启动死亡凸显效应。

二、不确定感激发对宗教的认同

晓东喝了一口茶，点了点头，然后说："嗯，老弟，你说一说，怎么回事？"

我略一踌躇，刚想说一些心理学理论，却马上改变了主意。我觉得还是讲得浅显易懂一些比较好，不要让晓东感觉我是在教授知识，要让晓东自己领悟到知识。自己领悟到知识比接受他人的教育更有意义。我决定用问答的方式，引导他去领悟。

"东哥，你除了没有胃口、不想动以外，身体上有没有什么不舒服？最近去体检过吗？"

"有的啊！让我想一想，唉，也就是最近的事情吧。当时也是你嫂子要求我去的，说每年都要体检一次，反复说了几次，我被说烦了，才去医院的。去医院很烦的嘛，又是排队，又是抽血什么的。"

"有体检报告吗？可以拿来看看吗？东哥你知道的，我以前是学医学的。也许我可以看看有没有不正常的指标或者健康风险。如果不预防疾病，万一有一个风险被忽略了……"

"好啊，有专家帮忙看看是最好的了！等会儿，我去找一下！"

"好的。"

过了一会儿，晓东拿了一本报告过来，还拿来了一些 CT 片。"今年的报告都在这里了，"他把报告放在桌上，继续说，"我觉得倒没什么，抽烟喝酒，身体也还很好嘛！这个烟酒是不能戒的。那个孙总，以前也是抽烟喝酒，后来说是戒烟了，结果来了个猝死！"

"哦。"我一边看报告，一边回答了他一句，不表示反对也不表示赞成。晓东今年 47 岁，报告上有些指标已经超出了安全界限。血压收缩压 140 mmHg，说明有高血压的风险。如果不干预处理，将来很可能成为高血压患者。再看血糖指数，空腹血糖高达 7.4 mmol/L，说明已经有糖尿病的隐患了。

“东哥，你这个血压和血糖，都有点偏高啊！”

“是吧？医生也这么说，我还以为他在吓我，那怎么办啊？是不是要吃药了？会不会像老孙一样，在家里猝死？真烦！”

“也不至于那么危险，只是啊，你要调理身体了。体检是一种检查健康风险的手段。查完了，我们当然要根据体检报告，结合自己的身体健康状况做一些调整。”

“老弟，你说一说怎么调吧。”

晓东又回到茶台旁边喝茶。我也放下手上的体检报告，到洗手盆那边用洗手液洗手。我以前在医院实习过，知道这些体检报告都经历了什么样的环境，所以不洗手会觉得很难受——也许这是一种强迫症吧。

本来想给他介绍一下调理身体的方法，略微思考后，我觉得身体可以慢慢调，但心理问题现在迫切需要解决。

“东哥，孙总怎么就突然去了呢？”我问。

在我们的文化中，人们很避讳谈论死亡话题，尽量避免提及“死”“葬”“哀悼”等词，甚至有一些医院、住宅、写字楼、酒店都没有“4”“14”“44”等含有“4”字样的标记，很多人在选车牌时也会回避“4”这个号码。所以，我用“去”来代指死亡。

“他啊，太劳累了嘛！上一次一起吃饭的时候，我就说他劳碌命，周一到周日天天工作。那天，我叫他喝酒——以前他喝酒很猛的啊，他说自己心脏有点闷，不想喝。谁想到，心脏闷会要命呢？！”

晓东的声音有点哽咽，他快速连续眨了几下眼睛，很惋惜地摇摇头，然后拿起杯子喝了一口茶，又拿纸巾擦了擦眼睛。看得出来，他对孙总的感情还是蛮深的。

“我和他是多年的朋友，对他也是知根知底的，他也没有做什么亏心事啊！有一段时间还吃斋念佛，经常去庙里烧香，还约我一起去呢！”

“信佛有用吗？”

“有用的，老弟，你不能说佛不好的！小心啊！阿弥陀佛！”晓东突然拉下脸来。

我意识到自己不应该在这时候质疑宗教信仰，因为不确定感会让人们更加相信宗教的力量。为什么呢？

心理学解释

研究显示，不确定感会让人们更加反感关于宗教信仰的负面言论。见下图：

不确定感和死亡凸显在反宗教文章的愤怒指数

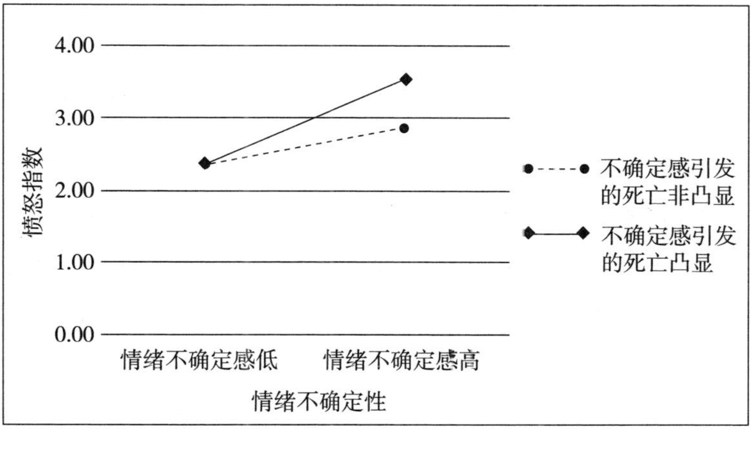

在实验中，人们的不确定感越强，看到关于宗教信仰的负面言论的时候，其愤怒指数也就越高。前文曾提到不确定感会激发死亡凸显效应，此外，自尊威胁、社会排斥、亲密关系丧失等都会启动死亡凸显效应。

死亡凸显效应被启动后，人们需要特定的心理结构来抵抗死亡恐惧。而宗教信仰属于一种心理结构，作为一种文化世界观，它能够支持人们抵抗死亡恐惧。如果这时候有人质疑宗教信仰，也就是打击某些人抵抗死亡恐惧的心理结构，那么这些人必然会反抗，具体表现形式为愤怒。因此，一个人的不确定感被激活后，大家不要当其面否定宗教的效用，否则会令对方愤怒，产生冲突，激化矛盾。

逻辑图如下：

三、死亡凸显效应造成的不安

“对不起，东哥，我不是那个意思。”

“那是什么意思？”晓东有点生气了，“跟你讲啊！人要有信仰，才不会做见不得人的事情。‘举头三尺有神明’，知道不？”

晓东一生气，就会教训别人，可能是当老板久了，比较习惯这种谈话风格。

“嗯，东哥你说得对，呵呵，”我不想在宗教问题上讨论太久，决定把话题拉回到东哥的心理情绪方面，“东哥，你会担心自己的健康吗？”

“本来也不会的，这不是体检完了，医生说要注意身体嘛！”

“孙总的事情，对你有什么影响呢？”

“有点儿害怕，感觉什么东西都不重要了！”

晓东很可能觉得这个世界是空虚的。自己原来努力工作，创造了数亿的财富，但这已经没有意义了。他发现了一个人类世界共有的规律，所有人都不能避免的事情——和地位、知识、金钱、性别没有关系，那就是死亡。

他开始关注宗教。他如果学识高一些，可能会去研究宗教的教义，成为一个哲学爱好者，感悟人生的无常。一些人会在中年遇见死亡后皈依佛门。东方文化中轮回转世的思想可以缓解人对死亡的恐惧。也有研究发现，中国人的死亡焦虑确实要低于西方人的。

“无常”是一个动态的概念，也是一种对未来的不确定感。而“确定”是人们都需要的东西。人们都想寻求确定。

两人相爱的时候，会一再寻求确定：“你爱我吗？会一直爱我吗？会和我过一辈子吗？我会一直爱你吗？”有时候，对方被问烦了就敷衍几句。这倒好，正好证明对方不爱自己了。哪怕得到了一个肯定的回答，问的一方也会愤而说道：“你不爱我了！分手吧！”

这种模式会在工作和生活中反复出现。

在工作中，人们会经常问自己：“我这个职业好吗？未来会不会被淘汰呢？要不要学更多的知识，考更多的证书？哪怕用不上，我也得拿着，万一哪一天需要呢？”

现在很多人通过互联网学习，一些商家也提供方便获取的课程，比如“得到”App。在线学习已经突破了时间和空间的限制，人们花几十、几百元钱就可以聆听大咖的课程。如果去现场听课，不仅要请假，还要支付机票、酒店餐饮费用，算一算，还是在线听课比较划得来。让人们花钱买课程，他们是愿意的；可是让他们花钱去找一个人进行面对面咨询，他们很可能不愿意。有些人会认为，课程是确定的——至少知道课程大纲；花钱做咨询是不确定的，不知道咨询师专不专业，会不会是瞎聊天——聊天能聊出个啥？很不确定的嘛，没有用的。

晓东的不确定感启动了死亡凸显效应，这让他产生焦虑情绪。结合自己的体检报告，不确定感得到强化，他体验到了更多的负面情绪。

我接着问：“哦，这样啊！生意、家庭都不重要了吗？”

“也不是，生意正常做就好了，不会出什么问题。家庭很重要的，我现在啊，基本上不外出应酬了，每天都回家。也不知道为什么，就觉得在家里比较安心。出门也不方便，要戴口罩，天气这么热，戴着口罩不舒服。”

“东哥，你是害怕什么呢？”

“害怕自己也一命呜呼了啊。谁知道呢！”

“怎么就会一命呜呼了呢？”

“你看孙总，身体好好的，不也走了吗？我的体检指标还不正常……”

看来，晓东是感受到了不确定——生命的不确定。我们知道，不确定感会启动死亡凸显效应。换句话说，不确定感启动了人们恐惧死亡的意念。人是知道自己“必死”的，而对于生命终将结束的思考会引发焦虑，这属于存在的焦虑。

晓东的焦虑需要得到缓解，否则，他会一直受到焦虑情绪的折磨，而后者会对生活产生负面影响。从访谈得到的信息来看，他已经有一些躯体症状了，比如食欲不振、不愿意走动等。如果不加以调整，那么后面可能会出现更多的躯体症状，比如睡眠问题、酗酒等。

心理学解释

死亡凸显效应会对人们的心理产生两方面的影响：

一方面，死亡凸显效应可以使人们意识到生命是有限的，无论是谁，没有例外。意识到了有限性会削弱人们生存的意义感，让人们产生“无论做什么好像都没有意义”的想法。

很多研究都证明，当人们启动死亡凸显效应后，自尊——特别是和个人成就有关的自尊会降低。比如晓东，虽然事业非常成功，但他觉得这些都没有意义了。

另一方面，死亡也具有很大的不确定性，也就是“无常”。因为时间是一种运动形式，与空间是彼此独立存在的，所以人们不可能预知未来。出于对未来的不确定感，人们不知道自己会在什么时间、什么地点、因为什么、以什么方式死亡。不论是谁，都没有办法预知、控制自己的死亡。当然，人们也没有办法预测自己的死亡会对他人、社会产生什么样的影响。因此，对死亡问题的思考也会引发强烈的不确定感。

“生死，都没有商量。”

四、在不安的世界里安心地活着

晓东再次提起孙总的事情，他此刻正坐在宽大的酸枝明式太师椅上。这把暗红色的酸枝椅子搭配其他深色的家具所营造的环境让我们的对话显得有点沉重。夏日原本酷热，但此时空调房冷得让人产生了逃离这个房间的想法。他手里拿着茶壶——茶壶里面的水已经凉了，但他没有注意到——直接往泡茶的茶碗里倒水。他原先找我来，是希望能够让自己心情好一些，可现在，他的心情却变得更糟糕了，不免有点失望。

他问："老弟，我现在这样子，算是心理有病吧？"

"情绪比较低落吧，谁说你有病呢？"

"倒也没有人说，是我感觉自己有病。"

"东哥，没必要自己给自己诊断，我不认为你有病。"

"我信你，老弟，如果有病你得帮我哦。"

晓东虽然嘴上认同我的观点——他没有医学经验，只能相信专业人士的判断——但是，他的确感受到了很多负面情绪。从这些个人体验来看，他认为自己不对劲，而且这些情绪也和他过去的情绪不一样，让他完全有理由相信自己"有病"——心病。

他说："嗯，我还是觉得不舒服，也是奇怪了。老弟，这次请你来，主要就是想跟你谈谈，怎么可以让自己开心起来。"接着他向我道歉，说当时电话里没有说明白邀约原因，其实是觉得不好意思。然后他又说道："可是，这也没办法，咱们中国人就很怕别人说自己有心理疾病，好像有心理疾病的都是神经病。被认为是神经病可完蛋了，走到哪里都会被人当怪物看。"

确实有这样的误会，人们得了心理疾病后会有"耻辱"的感觉。这几年情况还好一些了，如果是20年前，人们有抑郁症，那是不敢和家里人说，也不敢去看医生的，还自认为心病没得治。有些人认为心病不需要治，玩一玩、吃吃喝喝就好了。很多人会不理解抑郁症患者，经常说“想开一点，你挺好的啊，为什么不高兴呢”“出去走一走，心情就好了”“有什么事情啊，是不是太敏感了”。没有经历过抑郁心境的人无法理解抑郁症患者的痛苦。无助、孤独、寂寞、被厌恶等，都是抑郁症患者的负面情绪体验，不是靠“走出去”“多吃点”就可以消除的。

既然晓东把心里的痛苦直白地说了出来，那么我也不需要绕弯子了，直接帮他解决问题吧。估计，我后面得多动一点脑筋，才能让他走出抑郁心境。

我站起来，重新给水壶加上水，然后开电源煮水。我想让晓东在和我对话的时候喝上热水。研究显示，人在喝热水的时候，会有更好的合作意向。在等水煮沸的过程中，我们都没有说话。当人与人对话的时候，静默状态可以让双方都沉浸在自己的世界里面。

水咕噜噜地沸腾着。

“水为什么会沸腾呢？”我突然抛出一个话题。

“到了100摄氏度就会沸腾了。”

“需要能量。水温从30摄氏度升高到100摄氏度，需要不少能量的。”

“人活着，也需要能量啊。从30岁到100岁，也需要不少能量吧？”晓东倒是很有悟性，能够迁移知识。

“那么人的能量来自哪里呢？”

“吃东西啊，吃饱喝足了才有体力干活啊！这个道理很简单。”

我猜，晓东在暗自生疑，不知道我在和他打什么哑谜。

“是啊，东哥，得吃东西才能有能量啊！”

“这个我懂，可是没胃口嘛。”

“是不是觉得没有意义感，不知道为什么做事情，也不知道要达到什么目标？”

“差不多吧！”

“你看这水，要泡茶，得用沸水。把凉水煮沸是一个过程，也是一个目标吧？”

“嗯，然后呢？”

“我们的生活都得有目标，任何人的人生都有一个目标，然后为了这个目标一直努力。”

“可是我找不着啊！”

“东哥，你以前有没有玩过打水漂？”

“有啊，小时候经常在湖边玩的。找一块小石头，快速扔到水面上，越快越好。并且不能扔进水里，扔的时候要弯腰，最好身体能够和水面平行。小石头会在水面上跳好多次，有点像在水上漂。”

“石头打在水面上，会不会产生一圈圈的水纹？”

“会的，一圈一圈，很久才消失。”

“我们人，就好像这块小石头，水面就好比人类社会。每个人的行为，都会对社会产生影响。这个影响也许会立刻显现，也许会在很久以后显现。但是不管怎么样，每个人的人生都不会白过。”

我继续说：“每个人都能够形成中心影响力，就好比石头击打到水面的第一下。而快速的击打产生了动力，形成了水纹的中心。然后水纹一层层往外扩散，影响到很多人，甚至影响他们很多年。”

我们其实可以留下一些东西，留下一些自己也许并不知晓的东西，这样的观念为那些因生命有限、充满无常而觉得无法避免无意义感的人提供了一个很有说服力的答案。

——欧文·亚隆（Irvin Yalom）

这句话，是我刚刚从手机的备忘录里找出来的。这句话太长了，我背不下来，只好放在备忘录里，方便随时调取查阅。

“这和我有什么关系呢？”

“凡是能给社会带来积极影响的事情，都能够让生命有意义。我们来做一个体验活动，看一看你能够为社会创造什么积极的影响，好吗？”

“好！”

“请你从我手机里面的这张图片中，找出你想要留给社会的东西。”

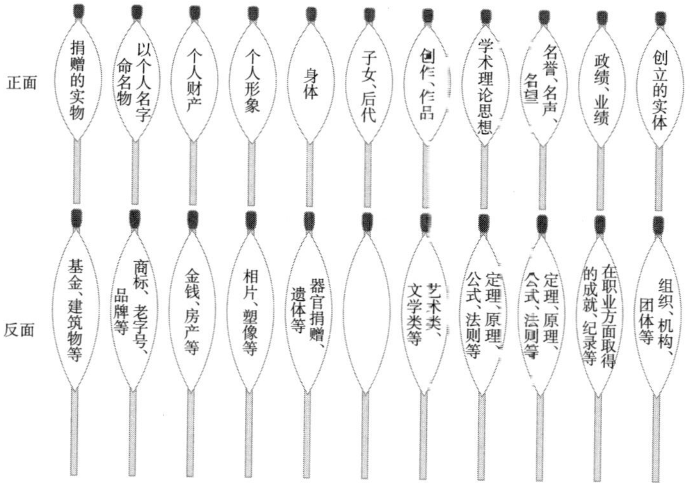

“哇，是火柴吗？上面有字的啊，我想一想。‘学术理论思想’‘定理、原理、公式、法则等’。”

“下面的字是对上面文字的注解。”

“这么高深啊，我没有学术思想，你会有的。我要留下两个东西，一个是‘子女、后代’，还有一个是……对了，是‘创立的实体’‘组织、机构、团体等’。这个是指公司吧？”

“是的，公司、机构。如果只能剩下两个，你挑选哪两个？”

“我就要留这两个，其他都不需要。什么相片啊，名誉啊，没有什么用的。能够让我的孩子好好生活，然后能够让自己一手创立的公司发展成百年企业，我就很满足了。”

“东哥，刚才你说对生意无所谓的哦！”

“是吗？我可能说错了，对自己的生意，我还是很认真的。为了这个庄园，我前前后后跑了一年，拿地、装修、招人。建这个庄园，是为了把我的其他项目连起来。我有养殖场，可以养质量好一点的鸡、鸭、猪，供货到这里。平时开会，我也不需要找酒店、会议室，这里都有。还有，在这个庄园，我专门搞了一片地，种有机菜、有机水果，可以供货给佛山、广州地区，每年预计 2000 万销售额。利润还挺高的，单这一项的利润就可以覆盖整个庄园的成本。”

“东哥对自己公司未来的发展有什么规划吗？”

“有啊。现在经营还行，可还是有一些问题。公司管理不规范，很多事情要我亲自处理才行。这样不能长久的，我计划请咨询公司来，重新梳理管理流程。”

“挺好的，东哥很有想法啊！”

“也不是了，就觉得自己打理的生意要做好一些。并且，我年龄大了，精力不足，也得培养一下接班人。”

“有什么打算吗？”

“看一看我家小子成不成器吧。我看他对做生意还是有一些兴趣的！”

“这么说，东哥是希望将生意交给孩子，孩子再传给下一代，这样代代相传，做成百年企业，是吗？”

“是的！”

“会很辛苦吧？”

“嗯，会啊，钱哪里有那么好赚的啦?!”

晓东已经知道自己未来的发展方向了。在做生意方面，我不如晓东，他会有办法的。我觉得今天的谈话目标已经达到，晓东也会根据梳理出来的结果，去实现自己的目标。他也许会实现这个目标，也许会找到其他目标。不论怎么样，这都是人生的探索过程。

这就好像往湖面扔一个小石头，扔下去的时候会激起一点浪花，而石头推开的波纹，可以扩散到很远很远。

心理学解释

按照意义疗法创始人弗兰克尔（Frankl）的观点，每个人都具有使命和任务。一个人如果无法找到生活的意义、价值，就会陷入空虚。在这个观点的基础上，弗兰克尔认为，现实社会中的人分布在两端：一端是有着积极的人生态度，对生活充满希望，不断地超越自我，实现自我价值的人；另一端的人找不到生活的目标，也不愿意投入到自我实现的努力中去。

弗兰克尔根据这个观点，经过长期的心理治疗实践，总结出了意义疗法。意义疗法非常重视让来访者找寻自我生命的意义，鼓励来访者通过自我说服来克服困难，拿出勇气和毅力，去实现目标。

在和晓东对话的过程中，我了解到他受到应激事件（朋友猝死）的影响，体验到了不确定感。不确定感启动了死亡凸显效应，死亡凸显效应又诱发了负面情绪，最后，负面情绪引发了躯体反应。这时候，我需要帮助晓东寻找人生的目标，找到生命的意义。事实上，这些目标晓东都想过，我只是通过意义疗法的技术，引导晓东自己把目标说出来。他只要能够说出来，就会自洽地去执行。

也许后期会有困难，但是，人生哪有不难的呢？

当我们谈论死亡时，我们在谈论什么？

一、生命的意义是什么？

我们存在时，死（狭义）不会降临；等到死神降临时，我们已不存在。

——伊壁鸠鲁（Epicurus）

第一次见到楼雨晴，已经是一年前的事情了。如今，她以另外一种方式活着——她的心还在跳动，只是不在她自己的胸腔内。

吴老师看着自己和楼雨晴的合影，不免唏嘘：叹息生命的脆弱，也感叹生命的顽强。脆弱和顽强，好像是一对矛盾体。人在生病的时候，特别是面对重大疾病时，会有无助和无力感。物极必反，人在脆弱的时候，如果能够生出希望和勇气，那么脆弱也可以转变成为顽强。

人类的奋斗历程，不就是这样的吗？为了实现目标，我们需要历经各种挫折、各种磨难，有时候需要团结一些人、一批人、一群人去挑战困难。在斗争的过程中会有人离开、有人掉队、有人死亡，但是，大多数人都能够看到最后的胜利。比如《出埃及记》中，展现了寻求自我、坚定信仰、艰苦奋斗、争取自由与解放的英雄原型——摩西（Moses，他是一位传奇的以色列领袖、希伯来先知，其成长过程比较独特——从奴隶、埃及王子到为自由而斗争的人民英雄领袖）。心理学家荣格（Jung）认为，原型是指一种体现了来自集体无意识的力量和心理驱动的原始神话。

“目标—挫折—胜利”的模式，已经成为人们心目中的故事模版。历史上的故事，大部分是按照这样的逻辑展开的。历史学家撰写的历史事件，也按照从挫折走向胜利的叙事方式。当然，有些故事的结局是失败的。但是，人们仍然为战死的英雄感到惋惜，并且从中汲取生命的力量。

楼雨晴第一次约见吴老师是在 2020 年 12 月 15 号，吴老师印象非常深刻。当时，她坐着轮椅，由一位 50 多岁的女士推进咨询室。

在吴老师的咨询工作中，他还是第一次遇到坐轮椅来的来访者。

“您好，您是楼雨晴吧？”

“是的，吴老师好。”楼雨晴歪着头，吐字有点含糊。

“很荣幸能够帮助您！这位是？”吴老师看着推轮椅的女士。

“我是她妈妈！”那位女士主动回答道。

“等会儿我们谈话，需要您妈妈回避一下吗？”吴老师看着楼雨晴，征求她的意见。

“妈，你在外面等我吧，有什么事情我会叫你，好吧？”楼雨晴稍微侧身对她妈妈说。

“好，我在外边等。那，吴老师，我先出去了，麻烦您了。”

“您请！”吴老师站起来，给她妈妈开门，然后关上门并顺手给楼雨晴倒了一杯温水。

倒温水是吴老师开展咨询工作的重要环节。虽然有一些来访者自己会带水，不一定需要这杯温水。但是，这杯温水作为来访者和吴老师之间的中间物品，代表着双方的认知、情感互动。

“我们的咨询是公益服务，不收任何费用。全程没有录音录像，并且所有的事项都会按照刚才您签署的保密协议执行。如果后续出书需要提到您的案例，会征求您的意见，经过您或者委托人签名同意后，改掉真实姓名，隐去个人信息。”

“知道了，谢谢您，吴老师！”

“好吧，咱们开始。每次咨询时间是45—50分钟，如果您中途需要休息，我们可以暂停。”吴老师还没有遇到过这么虚弱的来访者，担心她身体不舒服，需要中途休息。

“不需要的，没事！我可以的。”楼雨晴在给自己鼓气。她觉得不能耽误老师太多时间，可能老师后面还有其他工作。她总是这样为他人着想。

“老师，您也看到我的状况了。我先说一下自己吧！我得了肌萎缩侧索硬化，通俗地说就是渐冻症，从发病到现在，有半年了。这半年，我曾经有过希望，但是现在不抱什么希望了。我也曾经害怕过，但现在也不怎么害怕了。死亡，其实也没什么好害怕的。今天来，是想向您请教：什么是人生的意义？人活着，到底是为了什么呢？”

楼雨晴说得很平静，好像不是在说自己，而是在说其他人的事情。能够这么平静地叙述，说明她已经对这个问题思考了很久。刚开始的时候，她也会有非常多的情绪，包括不接受、恐惧、悲伤、愤怒等；也会积极寻求帮助，就像她现在寻求帮助一样，找医生诊断治疗。可惜，以目前人类的医学技术，还不能解决她的问题。

来访者一开始就谈及“人生的意义”，一般可以表明，来访者已经处于抑郁心境了，这个需要吴老师提高警惕。可以说，“人生的意义”这个词，对于咨询师来说是一个敏感词。遇到敏感词，咨询师要将安全阈限设置得很低，还要做好危机干预的准备工作。吴老师喝了一口水，以缓解自己的压力，也让自己有时间思考如何应对。

“我不太清楚您的意思，您能够说得更详细一些吗？”

吴老师不确定楼雨晴寻求“人生的意义”的动机是什么，也不清楚她想要什么答案。他不能够把自我对生命意义的理解当作答案去告诉她，因为每个人对于生命的理解都不一样。即使告诉她心理学中关于生命意义的定义，那又怎么样呢？她会接受吗？

开放式的提问总是可以引导来访者多说一些，从而让咨询师获得更多信息。咨询师不奢望来访者能用一两句叙述就把困惑讲清楚，而是需要不断引导来访者展开叙述。咨询师会在有结构的对话系统中，引导来访者澄清问题。然后，咨询师再聚焦问题，逐个解决。小问题，一次咨询可能就解决了。然而，一些较为复杂的、由来访者长期形成的固有的思维模式和行为习惯导致的问题，需要咨询师和来访者面谈更长时间，一起去探索、发现和解决。

“嗯，我想一想。”楼雨晴稍微沉默了大约 1 分钟。

咨询室里面，两个人都静默了，只听到时钟在“嘀嗒嘀嗒”。吴老师自然地斜靠着座椅，微微侧身，双手轻松地放在座椅扶手上，随和地看着楼雨晴。

咨询师此时需要安静、镇定。对于来访者来说，咨询师的安定就好比一个安全基地，来访者能由此获得无条件的积极关注。“无条件的积极关注”本身就具有疗愈功能。

根据吴老师过去长期的经验，为了在来访者沉默的时候表现出“无条件的积极关注”，可以使用这样的躯体语言：

- 眼神：温和，聚焦来访者的整体而非局部，适当的时候可以关注两人之间的物品，比如桌面的笔记本，但不适合看手表、钟、手机或者其他地方的物品（书籍、论文、摆件等）；
- 表情：平静，无任何情绪；
- 躯体：放松，可以斜靠；
- 手：自然摆放，可以十指交叉，但不要抱胸；
- 脚：合拢，不抖脚、不跷二郎腿。

在楼雨晴沉默的时候，吴老师在想，面对重大疾病，患者的心理反应是怎样的？

心理学解释

美国作家库伯勒－罗斯（Kübler-Ross）是探讨死亡与临终经验的权威。她在1969年出版的《论死亡和濒临死亡》（*On Death and Dying*）一书中，正式提出库伯勒－罗斯曲线（Kübler-Ross change curve）。这个模型解释了人们面对重大变故（负面事件）时的心理变化，不仅适用于死亡、疾病等负面事件，也适用于生活当中的各种刺激事件，比如失恋、伴侣出轨、失业、失窃等。

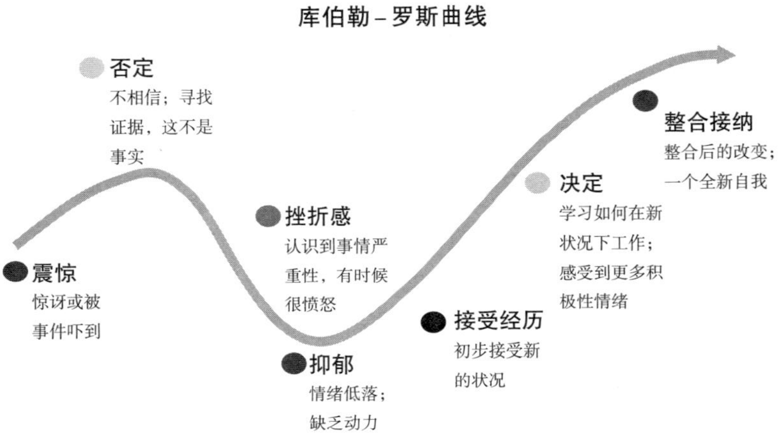

按照这个模型，人们面对重大变故时的表现分为五个阶段：

阶段一：震惊与否定——第一反应是绝对的震惊与否定。在此阶段，个体将采取一些临时性的防御措施，应对需要面对的现实。因为不想相信正在发生的事情，可能会导致其思考和行动的效率下降。在最初的应激事件平息后，有些人倾向于长时间处于拒绝状态。

阶段二：愤怒——人们如果意识到重大变故的发生，就会对这种情况感到愤怒。在此阶段，个体总是容易烦躁、沮丧和暴躁。当个体了解到情况的严重性时，可能会愤怒，并指责他人、命运、机构、社会等。个体会采取多种形式表达愤怒，可能会伤害到身边的其他人。

阶段三：讨价还价——即使知道无济于事，个体也还是希望找到一些证据否定重大变故的发生。在此阶段，个体可能会继续寻找减少伤害的方案，以期得到更好的结果。个体可能会开始思考如何推迟不可避免的事情。如果不是面对死亡，那么个体可以尝试进行谈判；如果是面对死亡，那么可能没有谈判的对象。

阶段四：沮丧 —— 所有消极的想法一个个涌入脑海，个体开始感到沮丧、悲伤和绝望，主要表现为情绪低落，对上帝 / 佛等失去信心。个体感觉无路可走，觉得自己没有机会渡过难关，对所有的事情都感到失望。这时候需要防止个体进行自残、自杀、攻击他人等伤害生命的突发事件。

阶段五：接受 —— 确定下一步该做什么。在此阶段，个体可能会停止抵抗变化并继续前进。当个体意识到与即将发生的变化抗争并不能消除悲伤时，他便会屈从于现状并完全接受这一点，进而以更豁达的态度看待事件。

这五个阶段并非都需要经历。一项以 24 位癌症晚期患者为研究对象的研究显示，24 位体验过濒死过程的患者所经历的心理反应阶段情况为：震惊与否定阶段 24 人，占 100%；愤怒阶段 15 人，占 62.5%；讨价还价阶段 3 人，占 12.5%；沮丧阶段 21 人，占 87.5%；接受阶段 5 人，约占 20.8%。由此可见，这五个阶段并非所有患者都经历过，能接纳死亡的濒死患者仅占 20.8% 左右，而大多数则停留在沮丧阶段，直到死亡。关于生命终结，存在主义大师海德格尔（Heidegger）提出生命的“悬临状态”（impending）的概念，来表达活着的人对死亡的看法，即死的不确定性。海德格尔认为，这是一种存在的焦虑。几乎所有的宗教形式，包括涂尔干（Durkheim）在《宗教生活的基本形式》（*Les Formes elémentaires de la vie religieuse*）中列明的图腾崇拜、精灵文化、神，都是人们为抵抗焦虑而努力构建的心理结构。这种结构可以安慰人们恐惧的内心，使人得到片刻的宁息。神圣和凡俗不相容，远离凡俗可以接近神圣。而宗教生活形式与凡俗生活形式迥然不同，前者通过各种仪式来表达神圣。只要是神圣所在，无所谓名山大川——“山不在高，有仙则灵”。

与宗教生活类似，人们为奢侈品、学区房、大别墅、大汽车、旅游等买单的消费行为，都和存在焦虑有着直接的关系。所有人都无法把握“悬临状态”，无法选择生也无法选择死，即应了所谓的“无常”。恐惧感由此而生。至于有多么恐惧，是否影响到生活，则是因人而异的。

文学作家能够捕捉到“悬临状态”，并在创作作品的时候，无意识地表达出这种焦虑。沈从文在《边城》的最后写道：

使翠翠在睡梦里为歌声把灵魂轻轻浮起的年轻人，还不曾回到茶峒来。

这个人也许永远不回来了，也许“明天”回来！

二、发现你的愉悦体验

“嗯，我想一想。”

“生命的意义，不在于长短，而在于体验——一种自我内心的体验。”楼雨晴缓缓地说出这句话。她已经经历了剧烈的情绪波动。面临死亡，无论自我多么坚强，都会产生悲伤、恐惧的心理。哪怕知道死亡不可避免，也无法完全坦然面对。

她刚刚成为博士研究生，课题研究才开始，生命的希望就被疾病打败了。有什么比不可治愈的重病更让人伤心的呢？

一想到自己可能不久于人世，妈妈怎么办？爸爸怎么办？父母是那么疼爱自己，自己也很争气，没有让他们失望过，小学、初中、高中的学习成绩都数一数二。

父母虽然收入不多，但是依然为楼雨晴提供了良好的生活环境、学习环境，让她安心学习。大学毕业后，面临就业还是读研究生的选择，楼雨晴拿不定主意，是父母坚决支持她继续读研究生。读研期间，她获得了导师的认可，得到硕博连读的资格。父母仍然支持、鼓励她多读书。

可惜，一切都被这个疾病拦住了。

吴老师问："是吗？那是一种什么体验呢？"

"我也不清楚，可能是一种精神吧，或者是自我感受。"

"在您过去的经历里面，有什么体验、感受，是现在还有印象并且能从中感受到愉悦的——我说的不是快乐，是愉悦！"

"快乐、愉悦有什么不一样吗？"

"快乐，可能是通过玩游戏、看电影、旅游等得到的积极的情绪体验。而愉悦，则是倾向于觉得自己活得有价值。"

"嗯，"楼雨晴思考了一下，"我记得，当时去山区支教，有您说的这种愉悦体验。"

"能说一下吗？"吴老师身体往前倾，表示自己感兴趣。

"研究生第一学年放暑假的时候，学校邀请学生去云南支教，我报名了。到了山区，我才知道那里的条件有多么艰苦，教学资源有多么匮乏。我在那里给小朋友们上英语课，教他们发音、背单词，还拜托在广州的研究生同学帮忙寄一些笔、橡皮擦、作业本给小朋友们。看到他们那种纯洁的眼神，我教书的时候更用心了。在和他们的互动中，我感受到了愉悦。那种感觉和通过看喜剧或进行其他休闲活动得到的快乐不一样，是感觉到自己被需要、行动有意义和价值的体验，是您说的愉悦体验。”

“挺好的体验。您的价值点在哪里呢？”吴老师追问。

“我在孩子们的学习经历中，注入一点点专业的信息，鼓励他们去学习英语，未来走出大山，探索更大的世界。”

楼雨晴又补充说：“也许他们不一定能够学会英语，不一定能够读大学，但是，知识的传递本来就具有意义。我给孩子们展示了大都市的情况——那里有高楼、地铁、飞机等现代化设施、工具，激发他们的好奇心。我觉得给予他们希望比教会他们知识更重要！”

这是一个非常勇敢、善良的姑娘。吴老师对她产生了由衷的敬佩。

为什么楼雨晴会认为支教行动有意义呢?

三、寻找生命的意义

弗兰克尔是意义疗法的创始人。在被关押在纳粹集中营期间，弗兰克尔观察到，那些没有体验到生命意义的人更容易放弃对生命的希望。他提出，人们可以通过三种途径来获得生命的意义。

（一）创造的意义

凡个人劳作、创作，都属于创造。

按照黄光国的自我的曼陀罗模型，人属于社会。“人”（person）是社会学层次或文化层次的概念，是“社会中的施为者”（agent in society），会在社会秩序中选择一定的立场，并策划一系列行动，以达成某种特定的目标。简言之，社会“人”在社会中具有主动性，能够策划、实施行动，以实现自己的目标。目标有大的、小的，有短期的、长期的。不论目标的形式如何，人都可以设定并且实现目标。

人如果在社会活动中没有创造，就可能会觉得自己的人生缺乏意义。人们的思维中存在假设思维（counterfactual thinking）。假设思维是人类日常生活中经常出现的一种思维活动，通常是对过去状态的一种假设，往往对应着“要是……就好了”“如果……就不是这样了”等句式。

（二）体验的意义

凡是不以获取金钱为目的的活动，即为体验。

体验和创造的差异，在于是否具有工具性。体验的意义包含两种：第一种是人能够体验到他人付出的爱，属于对关系和爱的体验；第二种是对自然的欣赏、对艺术的欣赏，属于对美的体验。

体验的意义，在于能够产生疗愈作用。这解释了一些心理疾病患者能够从自然的美景中体悟到生命的意义的原因。园艺疗法鼓励人们去种植花草，关注花草的成长、绽放、结果、凋零、延续，体验生命的各种形态。绘画治疗鼓励人们亲手去描绘、填图，让自己沉浸在美的体验中。

身临其境地观察、感悟的方式，可能是心理咨询所用的语言方式无法比拟的。弗兰克尔发现，无论哪种安慰方式，都无法和体验相比拟。体验使人们超越自我，在实践中感受到了生命的意义。

（三）态度的意义

凡人生，必有苦难。

没有人可以一帆风顺地度过生命的各个阶段。自呱呱坠地，我们的第一关即苦难：从浸泡了 10 个月的、温暖舒适的、37 摄氏度的羊水中出来，进入一般在 25 摄氏度，甚至更低温度的不友好环境。婴儿的脐带已经被割断，早期用脐带供氧的方式不再有效，他们必须学会用口鼻呼吸。他们和母体的连接在物理上不存在了，其幼稚的脑部神经元此时处于混沌状态。大量神经元未分化为有效神经连接，并且没有适应这种剧变。婴儿的眼睛还没有睁开，无法觉知自己的位置，以为和母体永远分离。

分离，也是一种人生的苦难。

在未来的人生中，人需要接受不断的分离。不过，后期的分离大部分是物理的隔绝、心理的分离。直到有一天，我们和父母彻底分离，再也无法相见。

分离，即成长。

有人说，人生是哀悼。其实，我们不应该如此悲观地看待人生。如果人生只能哀悼，那么个人有可能会陷入“非本真”状态。如果个体总是哀悼过去，使过去的创伤一直无法愈合，成为现在的创伤、“永恒的创伤”，那么他 / 她也可能会陷入不真实状态，比如祥林嫂，永远在讲述“狼叼走了孩子”。有一些经历过战争的士兵之所以会患上战争创伤后遗症，原因就在于此。士兵脑海中经常闪回灾难现场，这让他们无法分清楚现在和过去。一些遭受过性侵犯的女士，也可能反复经历创伤。她们会经常从梦中惊醒，原因在于过去的痛苦记忆始终处于“现在”。

人生，并不是哀悼，而是分离、成长。从出生那一刻开始，人类就已经接受了分离、成长的模式。

分离和成长中间有一个过程——经历，即经历苦难。

人不可能为了追求痛苦而活，但不可否认，人生充满着痛苦。新东方创始人俞敏洪说：“人生是这样的，你不受这个苦就受那个苦……人生来就是苦的。”

如何面对痛苦，成为人生必修的课题。

四、从儒家思想中学会面对苦难

儒家人物是应对苦难的高手。

《孟子·离娄下》中的“横逆”二字表达了人生的苦难属性。（孟子认为，个人面对障碍、挫折必然会有负面情绪，但是，不能因为负面情绪就放弃自我的发展，而是应该直面苦难。）

遇人遇事，都可能遭遇“横逆”。孟子说，我们要以“仁”待人。但如果对方“不仁”，总是用“横逆”的方式对待我们，怎么办？

孟子认为，我们首先应当“自反”，反思自己做得如何，有没有过错，是否达到仁、礼、忠的要求。如果反思后，发现自己没有过错，那就不需要再反思了。既然自己的行为符合仁、礼、忠的要求，而对方还是采取“横逆”的方式，那么对方“亦妄人也已矣”！既然对方是个无知妄为的人，那和这样的人又有什么好生气的？

孟子认为“人性本善”。按照这种理想化的假设，每个人都有机会成为圣人。从素人到圣人期间发生了什么？难道普通人靠躺着就可以成为圣人吗？并不是，对人性乐观的孟子对人生现实感到悲观。人生不可能一帆风顺，甚至更艰难一些，还可能有生命危机。如何面对危机、苦难，考验着个人的处世能力。

人生即道场。修行不需要离家避世，也不需要离开凡尘去神圣的庙宇，修行在于每一天。按照海德格尔的观点，时间不可逆地流逝着，此时已成为彼时，此时的我已经是彼时的我。下一秒会面临什么，是逆境还是顺境，不可知。面对生命的发展，人总是处于一种“悬临状态”。

既然未来不可知，那么人要有应对困难的方法。孟子在《孟子·告子下》中提出了著名的“苦难理论”：“故天将降大任于是人也，必先苦其心志，劳其筋骨，饿其体肤，空乏其身，行拂乱其所为，所以动心忍性，曾益其所不能。人恒过，然后能改；困于心，衡于虑，而后作；征于色，发于声，而后喻。入则无法家拂士，出则无敌国外患者，国恒亡。然后知生于忧患，而死于安乐也。”

为了证实这个理论的可行性，孟子举了很多例子，从上古的舜、从牢房里出来的管仲，到像牲口一样被买卖的百里奚，哪一个没有经历过磨难呢？

“舜人也，我亦人也。”大家都是人，既然他们能成为圣人，我们也可以成为圣人。关键在哪里？关键在于面对困难的心态。

孟子的“苦难理论”和弗兰克尔的“态度的意义”讲述着相同的道理，都在教导人们如何实现人生的意义。间隔 2000 年的东方哲学家和西方心理学家，在人生意义的课题上达成高度一致，鼓励人们面对人生的苦难。

五、另一种延续生命的方式

“支教结束后，您和学生还有联系吗？”

“没有了。我觉得不需要保持长期的联系。我有和他们的老师联系，但没有和哪个学生直接联系。学生都没有手机、电话，也没办法一对一联系。我教他们知识，并不是要让他们感谢我，反而是我要感谢他们，感谢相遇。就好像我遇到您，也许今天之后我们不会再见。人生不就是一次一次的相遇和分离吗？”楼雨晴略带笑意地说。

谈到这里，话题好像已经聊完了。她的内心已经接受了生命的终止，但她不甘心。不甘心年少青春、大好前程，就这样被疾病挡住了去路。很明显，她的叙述中带着浓浓的抑郁情绪。即使她声调平稳，没有哭泣，反而保持着微笑，也无法掩饰她对自身境遇的怜悯。

看到她脸上的笑，吴老师心里忽然感受到“空”，就好像支持大厦的柱子突然被什么东西击垮了。根据吴老师的经验，当人们面对死亡时，总会有悲伤、恐惧；而她，却面带微笑。这种笑代表喜悦吗？显然不是，也不可能是。那是什么？暗藏着什么心理？

吴老师陷入认知不协调状态。

死亡和微笑本来并不相配，这种不相配打破了吴老师内心的平静，导致了其内心的不和谐、不稳定。为了重建内心的稳定，他需要重新建构认知，实现认知的协调。

吴老师在反思：问题在哪里？或者说，她要的答案到底在哪里？如果没有找到问题，那么也就没有办法进行干预。

过去，吴老师没有遇到过这种情况，现在也没有办法从教科书上找到相似的案例借鉴。

“她要的人生意义的答案是什么？难道，答案在我这里吗？还是说她已经有答案了，只是需要咨询师帮她确认呢？”吴老师陷入自我沉思。

此时，吴老师遇到了个人咨询生涯的挑战。他一边做笔记，一边快速思考对策。

他心里想："与其解释生命的意义，不如让她了解探索生命的意义的方法。能够使用给晓东的那套工具吗？不行，太残酷了。个人在面临死亡时，已经深深感受到死亡的恐惧，没有必要启动其死亡意念。个人虽然没有为社会创造实体，但是，总可以留下一些东西，比如声誉、身体、相片等。不过不能直接告诉她，而是应该让她自己探索。自洽地选择，哪怕什么都留不下来，那也是她自己的选择。"

"刚才您讲了，生命的意义在于体验，此外您还有其他想法吗？"吴老师问。

"我想，可能是延续吧。人类社会不就是延续吗？包括基因的延续和文化的延续。不过，这两种我都没有机会办到了。"楼雨晴双手一摊，表达自我对人生无尽的遗憾。

"是吗？除了这两种延续，还有其他意义吗？"吴老师并不会让楼雨晴的悲观情绪影响他的理性。长期进行咨询工作，他已经能够觉察共情的影响。

什么是共情？共情通常被描述为一个感觉过程。在这一过程中，人们感觉自己好像就是另一个人，进入别人的思想，从别人的角度去想、去感知、去行动。

共情这个概念有着哲学和美学的渊源。德国美学家、哲学家费肖尔（Vischer）建议用"Einfühlung"（empathy 的前身）这个德文单词，来表示人们把自己真实的心灵感受主动地投射到所看到的事物上的一种现象。到了 19 世纪末 20 世纪初，另一位德国心理学家和美学家利普斯（Lips）指出：人们正是通过“Einfühlung”的形式来了解彼此和对彼此做出反应的，它发生于投射和模仿之前；而且当人们之间的情感模仿增加时，“Einfühlung”也会跟着加深。铁钦纳（Titchener）用一个英文新词“empathy”来取代“Einfühlung”，并把它重新定义为：一个把客体人性化的过程，感觉我们自己进入别的东西内部的过程。

两种延续都无法实现，这对于楼雨晴来说有点可悲。试探着找到其他意义，对她来说非常重要。所以，吴老师需要引导她做更广泛的探索。

“其实，我想可能还有一层意义，但我不太敢说。”楼雨晴咬紧嘴唇，皱着眉头，眼睛一下子红了。

“好的，如果您愿意，可以适当说一些相关的事情。也许我可以给一些反馈。”

听到吴老师的回答，楼雨晴压抑不住内心的悲伤，眼泪夺眶而出。此时的心情，犹如被大坝阻拦着的一潭深水，在大坝破堤后立刻涌了出来。

吴老师默默地递上纸巾。在咨询室里，来访者哭的现象非常常见。对于长期压抑情绪的来访者来说，哭泣反而代表转机的出现。

他没有劝，也没说话。吴老师此时心情如何？是悲哀还是惋惜？

楼雨晴也不做任何掩饰，小声地哭着。

“对不起，老师，我实在太难受了。现在哭了一会儿，好一些了。”

“没关系的！”吴老师的情绪也被感染了。心理咨询师也不是铁人，也是有感情的。“咳咳，请您说吧。”吴老师清了一下嗓子，鼓励楼雨晴继续。

“嗯，我听说，有一些人在生命的最后会立遗嘱，把自己的器官捐献出去。”楼雨晴说。

“哦！如果能够帮助其他人，这也是一种生命的延续吧！”吴老师试探性地反馈。

“是的，既然能帮助到其他人，又何必纠结自己身体的完整性呢？”

“您家人知道吗？”

“还没有和他们说。不过，我坚持的事情，他们一般会支持的。”

“嗯，那就好。可能需要解释一下波动理论了。这个和生命意义有关系。”

吴老师从抽屉里抽出一张卡片，上面写着：

> 我们其实可以留下一些东西，留下一些自己也许并不知晓的东西，这样的观念为那些因生命有限、充满无常而觉得无法避免无意义感的人提供了一个很有说服力的答案。
>
> ——欧文·亚隆

自晓东那里回来后，吴老师找人设计了这样的卡片。

“留下一点儿东西，器官算吧？”楼雨晴问。

“我觉得算的。”

两个人都没有说话，只是互相点了点头。一个在做生命最后的努力——不向命运屈服，让生命有意义。一个在鼓励他人勇敢地面对困难——生命有多难，只有自己知道。

眼泪从楼雨晴的脸颊上流下来。“老师，让您见笑了！”

她一边擦着下巴上的眼泪，一边笑着说。

再次看到这样的笑容，吴老师越发感到难过。既然无言以对，只能微笑。

“老师，我有一个小小的请求：我们合个影吧，可以吗？”

“当然可以啊，我叫助手进来。”

助手进来，先用楼雨晴的手机拍了照片，又用吴老师的手机拍。然后，助手出去，把门关上了。

“老师，感谢您！我要走了！”

“好的，要叫您妈妈进来吗？”

“嗯！”

在送走母女二人之前，吴老师专门加了楼雨晴妈妈的微信，希望能够保持联系，随时提供帮助。

“她还会再来吗？也许永远不会来了。”他想。

这是一年前的事情了。就在刚刚，吴老师收到了雨晴妈妈的群发微信：“雨晴走了，谢谢大家的关心！”

然后，他又收到一条私人微信：“吴老师，雨晴在临走前，让我转告您，她很感谢您认可她。她做了捐献的决定，器官已经准备植入他人体内。”

这也是一种延续生命的方式。

参考文献

1. 曾红，林汉生，武晓艳，明伟杰 . 城乡居民婚姻沟通模式及其相关因素研究 [J]. 心理科学，2010，33(06):1502–1505. DOI:10.16719/j.cnki.1671–6981.2010.06.050.

2. 曾红 .“要求 / 退缩”型婚姻沟通方式的跨文化研究 [J]. 暨南学报 (哲学社会科学版)， 2014， 000(002):58–66.

3. 池培莲，杜洪飞，林爱冰 . 对配偶婚外情的决定宽恕和情感宽恕与心理健康的关系 [J]. 中国临床心理学杂志，2011，19(03):331–334.DOI:10.16128/j.cnki.1005–3611.2011.03.019.

4. 刘晓柳，胡蕾，贾茹，吴任钢 . 夫妻依恋关系与主客体互倚模型 [J]. 精神医学杂志，2012，25(06):408–413.

5. 冉建林，张丽，朱玉萍 . 工作压力、控制感与工作绩效关系研究 [J]. 科教文汇 (上旬刊)，2008(08):219.

6. 何惠，张新安，冯任重 . 员工离职 —— 工作控制感与金钱动力角度的解释 [J]. 经济理论与经济管理，2011(06):77–84.

7. 陆昌勤，凌文辁，方俐洛 . 管理自我效能感与管理者工作态度和绩效的关系 [J]. 北京大学学报 (自然科学版)，2006(02):276–280.DOI:10.13209/j.0479–8023.2006.052.

8. 钟歆，陈旭 . 不同依恋风格者对情绪面孔的加工 [J]. 心理科学进展，2013，21(12):2154–2163.

9.Sherman，Bunyan，Creswell，&Jaremka.Official journal of the Division of Health Psychology[J].Health psychology，2009，28(5)554–562

跋

希望这本书能给你带去力量和帮助

一本书从动笔到完稿要经历漫长的过程。这本书以别不安啦为主题，但我的写作过程，其实也是伴随着不安的。作为一个心理咨询师，这颇有点“医者不自医”的意思。

我的不安不在于对自己的专业能力不自信，而在于自己能否将专业性知识以读者看得懂并且喜欢看的方式传达出去。显而易见，在这一点上，我做得没有那么好。

但是，我也没有陷入不安中无法自拔（毕竟我是个专业人士），而是尽可能地通过与编辑交流来完善我的文章，尽可能地为读者呈现一本相对专业又相对好读的心理类图书。

也许作为一个作者，我还不够专业，也没有做到最好，但是，我尽了自己最大的努力，做到了问心无愧。所以，我是安心的。

作为读者的你，在面对生活和工作中的人与事时，简单来说，也可以“尽力而为，问心无愧”。我与你不同的地方可能是，我拥有更多心理学知识和技巧，容易从“无能为力，心中有愧”中脱离出来，从而获得心安。但是，我希望我写的这本书，能让你获得一些心理学知识和技巧，在面对种种“无能为力”时，能放过自己，让自己心安。

希望这本书能给你带去力量和帮助，帮你安心地度过每一天。

是为跋。

2021年5月